U0249968

武汉大学数智教育丛书

武汉大学人工智能素养评价指南

吴丹　主编

武汉大学出版社

图书在版编目(CIP)数据

武汉大学人工智能素养评价指南 / 吴丹主编 . -- 武汉 : 武汉大学出版社,2024. 9(2025.1 重印). -- 武汉大学数智教育丛书.
ISBN 978-7-307-24627-0

Ⅰ. TP18-62

中国国家版本馆 CIP 数据核字第 2024MM7252 号

责任编辑:李彤彤   责任校对:汪欣怡   版式设计:韩闻锦

出版发行:**武汉大学出版社**　　(430072　武昌　珞珈山)
　　　　　(电子邮箱:cbs22@whu.edu.cn　网址:www.wdp.com.cn)
印刷:湖北金港彩印有限公司
开本:720×1000　1/16　印张:9.5　字数:126 千字　插页:2
版次:2024 年 9 月第 1 版　　2025 年 1 月第 3 次印刷
ISBN 978-7-307-24627-0　　定价:49.00 元

编　委　会

主　编：吴　丹

副主编：姜　昕　梁少博　邱　超

编　委（以姓氏拼音为序）：

姜　昕　梁少博　刘　静　刘欣宜　孟小亮

邱　超　孙昕玦　唐　飞　王瑾山　王统尚

吴　丹　徐干城　严培辉　杨尚尚　张乐飞

前　言

　　武汉大学作为国内外享有盛誉的高等学府，与时偕行，挺然自强，一直以培养具备创新精神和跨学科综合能力的创新者和领导者为己任，为国家民族和人类社会贡献武大力量。当今世界，数字化与智能化方兴未艾，人工智能如日初升，新一代技术革命正潮鸣电掣般地促进全世界的经济、社会和文化格局脱胎换骨，化茧成蝶，强力推动着时代之轮隆隆向前。在此背景下，学校敦本务实，着眼未来，兼顾知行，制定了《武汉大学人工智能素养评价指南》（以下简称《指南》），旨在为武汉大学与兄弟高校、教育界与产业界之间搭建一座连接理论与实践、素养与能力的桥梁，培养更多高素质的未来人才。

　　面对人工智能技术的迅猛发展，高等教育肩负着培养能够适应未来社会需求的高端人才的重大责任。《指南》深入探讨了人工智能素养同高等教育的紧密关系及融合路径，关注如何在课程设计和教学过程中融入最新的人工智能技术，以提升学生的技术水平、创新能力和全球竞争力。

　　《指南》构建了一个全面的框架，提供了多种工具，引导不同专业背景的师生深入理解人工智能的科学本质、技术进展和应用前景，同时注重评估与提升师生在人工智能领域的综合素养。这里的综合素养，不但包括扎实的学术知识与实践技能，而且涵盖创新思维能力、问题解决能力以及社会责任感。基于这一教育理念，《指南》致力于构建人工智能素养的系统化学习路径，培养深入理解和应用人工智能的综合能力。

为了确保素养评估的准确性和有效性，《指南》详细介绍了武汉大学人工智能素养测评体系的构建模式与反馈机制。这套测评体系不仅包括了定量和定性评估工具的选择及应用，还涵盖了如何通过持续的反馈和改进机制，不断提升评估的效能和教育的质量。

展望未来，我们期待《武汉大学人工智能素养评价指南》能够成为教师和学生教学活动中的重要参考资料，激励更多的学术研究和技术创新，推动人工智能领域的跨学科合作和学科交流，助力广大师生在人工智能的浪潮中乘风破浪，成就非凡未来。我们相信，通过共同努力和创新，武汉大学将在全球人工智能教育和研究的舞台上发挥越来越重要的作用，为构建智能化社会贡献更多的智慧和力量。

目　录
Contents

1. 人工智能素养的概念
   内涵与评价意义

1.1 人工智能素养发展背景

人工智能技术的飞速发展与繁荣，正深刻改变着各行各业的生产、生活方式。这一变革不仅推动了技术创新，也深刻变革了人才需求结构。现代数字化社会对人工智能复合型人才需求的激增，使得人工智能素养培育备受瞩目且刻不容缓。加强人工智能素养的培育，不仅是个人适应未来社会发展、提升综合竞争力的关键，更是国家创新驱动发展战略的关键一环，对于促进经济转型升级、推动社会整体智能化进程具有重要意义。

1.1.1 人工智能技术高速发展

从人工智能(Artificial Intelligence，AI)技术的发展史来看，人工智能技术历经三次重大历史性变革。人工智能技术最早可以追溯到 20 世纪中叶，艾伦·图灵于 1950 年提出了著名的"图灵测试"，这是人工智能技术的起源。随后在 1956 年，达特茅斯会议首次提出了"人工智能"这一术语，标志着人工智能作为一门综合性学科的正式诞生，掀起了人工智能发展的第一个高潮。然而，由于技术发展和资金的受限，人工智能研究在 20 世纪 70年代末和 80 年代末先后遭遇了两次低谷。直至 20 世纪 90 年代，互联网的普及、海量数据处理技术的应用，为人工智能的发展提供了新的机遇，人工智能技术发展才迎来真正的春天。

自 20 世纪 90 年代至今，人工智能技术经历了两次重大发展浪潮。21世纪初，深度学习技术出现，特别是卷积神经网络(CNNs)在图像识别上取得突破，标志着人工智能进入了一个新的发展阶段。CNNs 的成功应用不仅推动了计算机在视觉领域的发展，还促进了人工智能在自然语言处理、语音识别、自动驾驶等多个领域的应用。

随着人工智能系统能够更好地理解和处理复杂数据，在多个领域实现了自动化和智能化。2022 年 11 月 30 日，由美国开放人工智能研究中心（Open AI）研发的、基于 GPT-3.5 语言模型的聊天机器人将公众对人工智能的关注推向新的巅峰。此后微软、谷歌、百度等公司也陆续向公众发布了此类聊天机器人。作为新一代人工智能技术的典型代表，基于大型语言模型的生成式人工智能在艺术创作、数据增强、虚拟助手等多个领域展现出巨大的潜力和应用价值，引领全球范围内的技术变革。

在新的时代潮流下，新一代人工智能技术也逐渐被提升至国家战略高度，我国人工智能相关政策，如表 1 所示。

表 1　我国人工智能相关政策

名称	来源	时间
《新一代人工智能发展规划》	国务院	2017
《高等学校人工智能创新行动计划》	教育部	2018
《新一代人工智能产业创新重点任务揭榜工作方案》	工信部	2018
《国家新一代人工智能开放创新平台建设工作指引》	科技部	2019
《关于加快场景创新以人工智能高水平应用促进经济高质量发展的指导意见》	科技部、教育部、工业和信息化部等六部门	2022
《关于支持建设新一代人工智能示范应用场景的通知》	科技部	2023

续表

名称	来源	时间
《数字中国建设整体布局规划》	国务院	2023
《中国新一代人工智能科技产业区域竞争力评价指数》	中国新一代人工智能发展战略研究院	2023
《关于推动未来产业创新发展的实施意见》	工信部、教育部等七部门	2024
《国家人工智能产业综合标准化体系建设指南》	工信部、发改委等四部门	2024

　　2017年7月国务院印发《新一代人工智能发展规划》，标志着我国人工智能发展进入新阶段，规划描绘了我国人工智能技术的发展图景，核心目标是打造我国在人工智能领域的领先地位，确保我国在新一轮科技革命中掌握战略先机。2018年10月，习近平总书记在中共中央政治局集体学习中强调，"要深刻认识加快发展新一代人工智能的重大意义"，"促进其同经济社会发展深度融合，推动我国新一代人工智能健康发展"。此后我国陆续出台各类文件，明确表明了在各领域发展人工智能技术是当下社会建设的主要课题。虽然政策助力技术变革为人工智能技术的发展创设了有利条件，但随着人工智能技术的飞速发展，人工智能复合型人才的紧缺问题逐渐成为各国的关注重点。

　　人工智能技术的革新与快速发展引发了知识生产模式变革和高校科研范式转型。在此背景下，作为一种将"人工智能"和"科研"深度融合的新兴科技形态，人工智能驱动的科学研究（AI for Science，亦称AI4S）应运而生。人工智能驱动的科学研究利用人工智能技术学习、模拟、预测和优化自然界和人类社会的各种现象和规律以解决各种科研问题，从而推动科学发现和创新，被称为"科学研究第五范式"。2022 年 3 月，科技部联合国家自然科学基金委启动"人工智能驱动的科学研究"专项部署工作，布局 AI for Science 前沿科技研发体系。2023 年 8 月北京科学智能研究院、深势科技携手络绎科学联合发布 2023 版《AI4S 全球发展观察与展望》，重点关注了 AI for Science 在生命科学、材料科学、能源、半导体、地球与环境等众多领域及细分领域的产研实践，助力从业者更好地了解 AI for Science 的应用现状与未来趋势。

与此同时，由人工智能产业变革引发的人才需求的变化，促使高等教育人才培养方向和方式不断优化和革新。我国始终把高端人才队伍建设作为人工智能发展的重中之重，2018 年教育部发布《高等学校人工智能创新行动计划》，要求完善人工智能领域人才培养体系，加大人才培养力度。2022 年，科技部等六部门发文《关于加快场景创新以人工智能高水平应用促进经济高质量发展的指导意见》，鼓励高校在人工智能学科专业教学中设置场景创新类专业课程，激发人工智能专业学生的场景想象力，提升学生的场景创新素养与能力。2024 年 3 月，教育部启动人工智能赋能教育行动，旨在用人工智能推动教与学融合应用，提高全民数字教育素养与技能，同时规范人工智能使用的科学伦理。

1.1.2 人工智能复合型人才紧缺

人工智能是新一轮科技革命和产业变革的重要驱动力量，诸多国家将发展人工智能技术列入国家科技战略部署。培育新型人工智能人才的问题已经成为世界各国创新技术竞争的焦点。

人工智能技术迅速发展，人才供给与需求之间的巨大缺口问题也随之凸显，尤其是复合型人才的短缺问题更为突出。人工智能复合型人才不仅指精通机器学习、深度学习等人工智能核心技术的专业人士，同样也包括具备跨学科知识背景和技能，能够在各自领域内掌握和运用人工智能，并持续学习新技术以适应快速变化的人才。人工智能复合型人才对于推动人工智能技术的创新和应用、解决复杂问题以及在特定行业中实现技术与需求的深度融合至关重要。《2023 人工智能人才洞察报告》显示，截至 2023 年 8 月，人工智能行业的人才供需比由 2022 年的 0.63 下降至 0.39，相当于 5 个岗位竞争 2 个人才。[①] 随着新岗位数量的增加，人工智能领域的人才供需矛盾将进一步加剧。

人工智能复合型人才紧缺的主要原因在于，当前的教育体系尚未完全适应人工智能技术的快速发展，教育机构在课程设置、实践教学等方面难以迅速跟上技术发展的步伐。而企业对于人工智能复合型人才的需求激增，市场上符合条件的候选人相对有限，加剧了供需矛盾。

为应对人才缺口的挑战，各国都在积极采取措施，大力培育符合时代需求的人工智能复合型人才。全球超过 40% 的国家和地区已发布或将发布人工智能战略、产业规划等文件，普遍将人才培养和储备作为战略和规划重点。高校作为人才的培养基地，在提高学生的整体竞争力、满足国家人才缺口、增强国家竞争力中发挥显著作用。美国麦克罗波洛智库（MacroPolo）2024 年 3 月发布的《全球人工智能人才追踪调查报告 2.0》显示，美国仍然是精英人工智能人才的首选工作目的地，并且美国拥有 60% 的顶级人工智能机构。中国的人工智能人才库在过去几年间显著扩大，从 2019 年的 29%

---

① 脉脉高聘人才智库 . 2023 泛人工智能人才洞察 [EB/OL]. （2023-11-03）[2024-03-01]. https://www.sohu.com/a/734131012_380891.

上升到 2022 年的 47%，以满足不断增长的人工智能产业需求。① 《中国新一代人工智能科技产业发展报告 2023》②显示，截至 2022 年 12 月，我国共有 440 所院校开设人工智能专业，其中长三角地区的院校开设人工智能相关专业最多，占比达到 18.72%；京津冀地区排名第二，占比为 13.47%；川渝地区占比为 7.76%。各国在大力培育人工智能复合型人才的同时，也广泛关注着人工智能素养的定义、培育和评价等方面。

1.1.3 人工智能素养备受关注

大数据、云计算和物联网等信息技术的发展，使以深度神经网络为代表的人工智能技术取得了显著的进展。继信息素养、数据素养、数字素养等概念后，人工智能素养也成为公众关注的焦点。

在人工智能应用领域不断拓展的时代背景下，学术界对人工智能的关注重点逐渐从以技术为中心，过渡到以人为本，相关研究蓬勃发展。③ 2018 年以来，人工智能素养研究领域发表的论文数量大幅增加。④ 众多学者认为面对即将到来的人工智能时代，迫切需要提高人们使用人工智能的能力。

---

① Macropolo. The Global AI Talent Tracker 2.0[EB/OL].（2024-03-27）[2024-04-10]. https://macropolo.org/digital-projects/the-global-AI-talent-tracker/.

② 中国新一代人工智能发展战略研究院. 中国新一代人工智能科技产业发展 2023[EB/OL].（2023-05-19）[2024-04-10]. https://cingai.nankai.edu.cn/2023/0519/c10232a512669/page.htm.

③ Scammell A. Visions of the Information Future[C]//Aslib Proceedings. MCB UP Ltd, 2000, 52(7): 264-269.

④ Tenório K, Olari V, Chikobava M, et al. Artificial Intelligence Literacy Research Field: A Bibliometric Analysis from 1989 to 2021[C]//Proceedings of the 54th ACM Technical Symposium on Computer Science Education V.1, 2023: 1083-1089.

社会各界对于人工智能素养研究的关注也日益增多。2019年5月，联合国教科文组织（UNESCO）在北京举办了首届人工智能与教育大会，并形成《北京共识：人工智能与教育》，共识中提到进行有效的人机协作需要具备一系列人工智能素养，同时不能忽视对识字和算术等基本技能的需求，要采取体制化的行动，提高社会各个层面所需的基本人工智能素养；2021年，联合国教科文组织发布了《人工智能与教育：政策制定者指南》，阐述了个体必须具备的人工智能知识，呼吁加强培养和提高人工智能素养；同年，联合国教科文组织教育助理总干事斯特凡尼亚·贾尼尼（Stefania Giannini）在人工智能与教育国际论坛的开幕致辞中表示，人工智能素养已经成为每个公民不可或缺的能力；2023年11月，美国国家人工智能咨询委员会（National AI Advisory Committee，NAIAC）发布《建议：提高全美人工智能素养》，强调了提升大众人工智能素养的重要性。

近年来，为助力我国人工智能复合型人才的培养，提升我国科技人才的核心竞争力，各高校陆续制订了学生人工智能素养相关培养方案。2022年9月，北京大学发布《人工智能人才培养方案》白皮书，提出了一套培养兼具学术品位、科学精神和人文素养的本硕博贯通式通用人工智能人才培养体系；2023年11月，武汉大学发布《武汉大学数智教育白皮书（数智人才培养篇）》，率先提出了体系化推进数智人才培养的理念，构建了数智人才培养总体方案，制订了"五数一体"数智人才培养思路；2024年2月，南京大学发布"人工智能通识核心课程体系"总体方案，旨在培养面向智能时代、具备人工智能素养、未来能够在重大领域有突破、赢得国际科技竞争主动权的大师级战略科学家；2024年6月，浙江大学人工智能教育教学研究中心围绕"智能时代、教育何为"这一命题推出中英文版《大学生人工智能素养红皮书（2024年版）》。

1.2　人工智能素养的概念与定义

随着信息技术的不断发展，人类社会先后经历了信息时代、数字时代、大数据时代、人工智能时代，为了应对技术环境变化，围绕信息及其载体、表现形式、服务形式等核心内容，人们提出了诸如"信息素养""数字素养""数据素养""算法素养""人工智能素养"等一系列关联概念（见图1）。在信息时代，计算机技术的发展要求人们具备使用信息技术设备的基本能力，认识到信息在人类社会发展变革中的重要作用；在数字时代和大数据时代，信息的表现形式从数字化向数据化转变，人类社会在数字世界的虚拟映射要求人们具备使用数字化、数据化信息资源的能力；当人类社会步入人工智能时代，理解和使用智慧化信息产品与服务，关涉每一个现代人的数字化生存。这些概念的发展过程一定程度上反映了技术环境变迁对人类信息处理能力要求的动态变化过程。

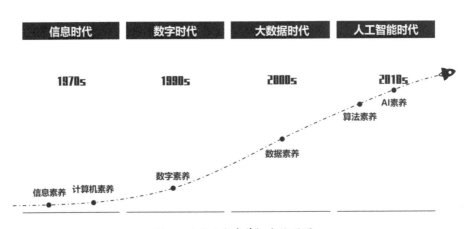

图1　不同时代素养概念溯源图

1.2.1　信息素养

信息产业的繁荣需要加强信息素养的培育，信息时代的到来意味着"信息"成为社会运行所仰赖的血液、食物和核心生命力，搜索、处理和利用信息的能力则成为人们参与社会工作和日常生活的基本能力。

1974 年，美国信息产业协会（IIA）主席保罗·泽考斯基（Paul Zurkowski）在向美国全国图书馆与情报科学委员会（NCLIS）提交的一份议案中，首次使用了信息素养这一概念。他认为具备信息素养的人应当具备利用各种信息工具和主要信息源解决问题的技术和技能①，这一定义不仅强调了信息技能的重要性，还突出了信息在问题解决中的核心作用，也为信息素养的后续研究与发展奠定了坚实基础。1979 年美国信息产业协会把信息素养解释为：人们在解决问题时知道利用信息的技术和技能。美国图书馆协会（ALA）在 1989 年将信息素养界定为：能意识到自身信息需求，并具备定位、评价以及有效利用所需信息的能力。

随着信息技术在全球范围内的普遍应用，面向信息素养的推广和教育，各国纷纷制定了信息素养标准，强调人们在信息意识、信息伦理、信息获取等方面能力的重要性。联合国教科文组织（UNESCO）在 2003 年和 2005 年分别发布了《布拉格宣言》和《亚历山大宣言》。在《布拉格宣言》中，信息素养被定义为"确定、查找、评价、组织和有效地生产和交流信息以解决问题的能力"②。2005 年，中国科学技术信息研究所发布了《高校学生信息素

---

① Zurkowski P G. The Information Service Environment Relationships and Priorities[J]. Related Paper No. 5, 1974.

② 王奕俊，王英美，杨悠然. 高等院校人工智能素养教育的内容体系与发展理路[J]. 黑龙江高教研究，2022，40(02)：26-31.

质综合水平评价指标体系》，形成涵盖信息意识、信息能力、信息观念和信息伦理等四个维度的评价指标体系。①

1.2.2 数字素养

在数字时代，以数字化形式存在的信息成为人们生存环境的重要部分。数字素养最早于1997年由保罗·吉尔斯特（Paul Gilster）正式提出，他将数字素养定义为"理解和使用不同的数字资源和信息并理解他们的意义"②。随后以色列学者约拉姆·埃希特-阿尔卡莱（Yoram Eshet-Alkalai）构建了一个涵盖"图像素养""再生产素养""分支素养""信息素养"以及"社会情感素养"五大要素的数字素养框架。③ 这一框架为后续的数字素养研究提供了坚实的理论基础，并在学术界产生了广泛的影响。

随着数字素养被英国、欧盟、澳大利亚、中国等多个国家和地区视为数字化战略的重要一环，大量面向数字素养与数字技能的政策文件相继颁布。从2002年至2006年，欧盟先后发布了四个版本的"核心素养"内容，其中对数字素养的描述各有侧重，依次定义为"信息通信技术""信息通信技术技能和使用""信息通信技术技能"以及"数字素养"。④ 这一演变呈现出数字素养作为一个多维度综合素养的逐渐形成过程。2013年，欧盟进一步构建了一个面向全体欧洲公民的数字素养框架，将数字素养划分为信息

① 谢穗芬，艾雾. 对"高校大学生信息素质指标体系"的评价分析[J]. 大学图书馆学报，2009（04）：78-81.

② John Wiley & Sons, Inc. Gilster P. A Primer on Digital Literacy[EB/OL]. (2023-10-31)[2024-04-12]. http://www.ibiblio.org/cisco/noc/primer.html.

③ Aviram A, Eshet-Alkalai Y. Towards A Theory of Digital Literacy: Three Scenarios for the Next Steps[J]. European Journal of Open, Distance and E-Learning, 2006, 9(1).

④ 任友群，随晓筱，刘新阳. 欧盟数字素养框架研究[J]. 现代远程教育研究，2014（05）：3-12.

素养、交流素养、内容创造素养、安全意识素养和问题解决素养。① 继中央网络安全和信息化委员会发布《提升全民数字素养与技能行动纲要》后，我国政府陆续出台了关于全民数字素养与技能提升的系列政策，旨在提升公民的数字素养与技能，让大众能够更好地享受国家数字化战略的最新成果。

数字素养概念的产生是信息技术向数字化发展的时代产物，因此数字素养常被视作信息素养在数字时代的拓展和延伸，尽管二者在能力和要求上并不完全相同，但都是个人能力素质在信息技术发展历程中对技术环境变化的体现。

1.2.3 数据素养

计算机科学与大数据技术的发展，推动人类社会进入大数据时代。数据素养也被称作数据信息素养、科研数据素养，它随着数据密集型科学范式的发展而诞生，最早可追溯至 Shields 2004 年发表的研究论文。② 数据素养通常被认为是指"个人能够访问、解释、批判性评价、管理、处理和合乎道德地使用数据的能力"。

数据要素在社会发展中发挥重要作用，数据素养教育也逐渐被视作数据素养研究和实践的重要环节。2011 年美国博物馆与图书馆服务协会（IMLS）资助了一系列"数据信息素养项目（Data Information Literacy Projects）"，旨在为数据素养课程建立可行标准与流程；③ 全球顶尖信息学院联盟（iSchool）中

① 郭一弓. 欧盟数字素养框架 DigComp2.1：分析与启示[J]. 数字教育，2017，3（05）：10-14.

② Shields M. Information Literacy, Statistical Literacy, Data Literacy[J]. IASSIST Quarterly，2004，28(2/3)：6-11.

③ 胡卉，吴鸣. 国外图书馆数据素养教育最佳实践研究与启示[J]. 现代情报，2016，36(08)：66-74、78.

的众多院校纷纷开设数据素养教育课程，培育学生的数据意识、数据能力和数据伦理；我国众多高校图书馆、中国科学院文献情报中心等相关研究机构也大规模开展面向学生、相关从业者的数据素养培育课程。例如，黄如花从图书馆服务视角出发，提出在学生数据素养培育中要关注数据发现、收集、分析、共享和保存五方面的能力。①

与数字素养类似，数据素养也被视作信息素养在数据时代能力内涵的拓展和延伸，学者们也提出将数据素养纳入信息素养体系中开展相关研究与实践。② 这种不仅体现了信息素养概念内涵的外延，也体现出各个素养在图书情报领域一脉相承的历史。随着概念的不断演化，2015 年 Börner 等人结合数据素养和可视化素养提出了数据可视化素养，并将其定义为"对数据可视化中模式、趋势、相关性等的解读能力和意义构建能力"。③

1.2.4 算法素养

随着社会各界对人工智能的关注越来越多，学者及社会相关利益主体意识到，算法作为人工智能的一种支撑性技术，在社会生活与工作中发挥关键性作用。由此，"算法素养"的概念被提出。"算法素养"概念相关论述可以追溯到 2017 年，Finn 将"算法素养"理解为"关注算法是如何进行表达和操作，以及其生产和操作中固有的条件、假设和偏见"④。

---

① 黄如花. 面向高质量发展的数据素养教育[J]. 图书馆建设，2020(06)：26-29.
② Calzada Prado J, Marzal M Á. Incorporating Data Literacy into Information Literacy Programs: Core Competencies and Contents[J]. Libri, 2013, 63(2): 123-134.
③ Börner K, Maltese A, Balliet R N, et al. Investigating Aspects of Data Visualization Literacy Using 20 Information Visualizations and 273 Science Museum Visitors[J]. Information Visualization, 2016, 15(3): 198-213.
④ Finn E. Algorithm of the Enlightenment[J]. Issues in Science and Technology, 2017, 33(3): 1-25.

　　算法素养在国际上获得了较高关注度，但目前尚未形成清晰、统一的界定。国内外学者对算法素养进行了定义并将其划分为功能型、解释型、混合型三大方向①。其中，功能型定义强调算法素养的核心功能和作用，将其视作人类理解算法如何塑造和产生知识的工具；解释型定义则侧重于算法素养概念本身的阐释和剖析，认为算法素养应关注算法在社会运行中的作用机制；混合型定义则是综合解释型与功能型两种方向，对算法素养的含义和功能进行全面阐释。吴丹等人对算法素养进行了混合界定，即算法素养是指"具备感知、理解和使用算法的能力，能够正确使用以算法为驱动的产品并具备对算法社会的适应能力"，② 提出具备算法素养的人应当：(1)使用算法及相关技术工具以解决问题；(2)察觉并理解以算法为核心驱动力的社会及其运行规则；(3)能够客观评价算法及其产生的正面、负面效应，具备算法风险意识。

1.2.5　人工智能素养

　　信息素养、数字素养、数据素养、算法素养等素养概念的出现和演变反映了社会技术环境变化对人类信息能力要求的变化过程，是人工智能素养在特定技术进步阶段的具体形态。人工智能素养是在上述等相关素养概念基础上演变而来的，是对这些核心素养的自然延伸。

　　人工智能素养的提出反映了人工智能技术广泛应用对社会个体能力素质的新要求，它关注人工智能相关的一整套技术和产品对社会及个体的影响，关注人工智能的技术合集，更具技术集成性特征。

---

　　① 吴丹，刘静. 人工智能时代的算法素养：内涵剖析与能力框架构建[J]. 中国图书馆学报，2022，48（06）：43-56.

　　② 同上。

人工智能素养的首次提出是在 2016 年。Burgsteiner 等人和 Kandlhofer 等人将人工智能素养定义为理解不同产品和服务中人工智能基本技术与概念的能力，这一素养与个人的未来职业发展密切相关。[1][2] 目前学术界对于人工智能素养的定义尚未完全统一，大部分观点倾向于将其视为一种使个体能够适应人工智能社会的基础能力，Long 和 Magerko 将人工智能素养界定为与人工智能有效沟通和协作的个人能力，并明确了人工智能素养核心能力和设计考虑因素。[3] 杨刚等人认为人工智能素养是智能时代社会生产生活和个体发展的品格与能力，是当代公民所应具备的基本素养。[4] 此外，也有研究将人工智能素养视为一种综合素质，不仅涵盖了人工智能相关的知识和技能，还包括了与人工智能技术使用相关的态度和伦理观念。蔡迎春等人将人工智能素养定义为一种理解和应用人工智能技术并为其应用和发展做出负责任决策的能力，能够帮助个人在快速发展的数智时代中保持竞争力，积极参与社会发展。[5]

参考上述研究，本指南将人工智能素养定义为：在与人工智能协同学习、工作和生活过程中所需具备的知识技能、情感态度、应用能力、道德

[1] Burgsteiner H, Kandlhofer M, Steinbauer G. Irobot: Teaching the Basics of Artificial Intelligence in High Schools [C]//Proceedings of the AAAI conference on artificial intelligence, 2016, 30(1).

[2] Kandlhofer M, Steinbauer G, Hirschmugl-Gaisch S, et al. Artificial Intelligence and Computer Science in Education: From Kindergarten to University [C]//2016 IEEE Frontiers in Education Conference. IEEE, 2016, 1-9.

[3] Long D, Magerko B. What is AI Literacy? Competencies and Design Considerations [C]//Proceedings of the 2020 CHI conference on human factors in computing systems, 2020: 1-16.

[4] 张银荣, 杨刚, 徐佳艳, 等. 人工智能素养模型构建及其实施路径[J]. 现代教育技术, 2022, 32(03): 42-50.

[5] 张静蓓, 虞晨琳, 蔡迎春. 人工智能素养教育: 全球进展与展望[J]. 图书情报知识, 2024, 41(03): 15-26.

规范，是智能时代下适应、改变和发展社会环境的一种综合品质。具体而言，人工智能素养涉及在现实环境中对人工智能技术进行认知与理解的能力，包括能够有效地应用人工智能技术完成任务，以及对人工智能提供的信息进行深入分析、筛选和批判性评价的能力。此外，人工智能素养还强调了对个人责任的认识以及对相互权利和义务的尊重。信息素养、数字素养以及人工智能素养，均为不同技术阶段下的独特产物，它们共同聚焦于信息或数据的处理与利用，以解决问题为核心目标。而在这些素养中，人工智能素养尤为强调伦理道德的坚守与思维能力的提升，彰显其在人工智能时代的独特价值与重要性。

1.3 人工智能素养评价的必要性

1.3.1 人工智能素养培育需求

人工智能加快了生产力的变革，通用人工智能在全新场域蓬勃发展。然而，社会各界面临着复合型人工智能人才的紧缺，开展人工智能素养培育迫在眉睫。

个体适应新技术环境需要人工智能素养。人工智能素养培育不仅能帮助个体强化对社会环境的适应力，也有利于个体在职业发展中保持竞争力，抓住新兴行业的机遇。伦理意识和社会责任相关的培养，还能够让个体在设计和应用人工智能技术时考虑其对社会的长远影响，做出负责任的决策。以高校学生为例，人工智能素养的培育不仅能够推动学生从单纯地获取知识向培养核心能力转变，也能够为高校学生择业、就业提供内在动力。

培养人工智能素养是社会生产力变革的必然要求。人工智能技术的应用场景已渗透到制造业、医疗健康、金融服务、教育、交通出行等各个领域，深刻改变着传统产业的运作模式，这要求社会成员具备与之相适应的知识和技能，以便更好地利用人工智能技术提高工作效率、解决复杂问题、创造新的价值。同时，社会治理现代化也要求社会治理者和管理者具备相应的人工智能素养，以便更好地理解和应用信息技术，提升社会治理的智能化水平。

培养人工智能素养符合国家战略发展需要。2021 年 12 月，中央网信办颁布《"十四五"国家信息化规划》，明确将提高全民数字素养和技能水平作为首要任务，强调促进人工智能的创新应用。随后发布的《提升全民数字素养与技能行动纲要》中着重提出应充分利用新兴技术，以支持全民数字素养和技能的增长。① 这一系列举措证实了核心数字素养在人才培育和国家战略发展中的重要性。当前国际竞争日益激烈，人工智能作为战略性、全局性的新兴技术，其发展水平直接关系到国家的科技竞争力和国际地位。具备人工智能素养的高科技人才是科技创新的主要驱动力，能通过技术创新和成果转化，推动新兴产业的快速发展，促进传统产业的转型升级，从而影响国家的科技实力、经济发展和国际地位。

1.3.2 人工智能素养评价需求

在当前智能化的时代背景下，人工智能素养已逐步成为衡量高校学生综合素质的关键指标。当前，关于高校学生人工智能素养的研究尚处于起步阶段，主要聚焦于其内涵的明确界定与教学方法的探索，关于其评价体系的系统研究则相对匮乏。在现有研究中，对于人工智能素养的评价多是从智能时代的宏观角度出发，从不同维度对总体素养能力等方面进行探讨，尚未形成针对高校学生群体全面、具体的评价体系。已有研究虽然为人工智能素养评价体系的建立提供了一定的理论参考，但在实际应用中仍存在需要深入、细化之处。

首先，现有的评价体系缺少对人工智能技术实践和创新能力的关注。传统的评价体系往往过分强调理论知识的检验，而忽视了实际应用技能和创新思维的重要性。在人工智能领域，理论知识固然重要，但如何将理论知识转化为实践能力，以及如何在实践中不断创新，甚至更重要。因此，

---

① 王兆轩. 生成式人工智能浪潮下公民数字素养提升——基于 ChatGPT 的思考[J]. 图书馆理论与实践，2023(05)：78-86.

技术的发展迫切需要构建一个既能评价理论知识又能衡量实践能力和创新思维能力的人工智能素养评价体系。

其次，近年来人工智能技术高速发展，新技术、新应用层出不穷，关于新技术的评价体系尚未形成。随着生成式人工智能的出现和发展，传统的人工智能素养评价指标已经不能完全适应新的需求。生成式人工智能以其强大的内容生成能力和多模态的交互方式，为人工智能领域带来了新的挑战和机遇。基于此，新的评价体系需要结合生成式人工智能的特点，对现有的评价体系进行更新和升级，以更好地衡量高校学生在人工智能领域的素养水平。

最后，缺乏针对高校学生这一重要群体的人工智能素养评价体系。目前，国内对人工智能素养的评价主要集中在 K-12 中小学生群体及师范生群体，对于高校学生群体的评价研究相对较少。高校学生作为未来社会的重要力量，其人工智能素养的高低将直接影响到未来社会的智能化水平。因此，对高校学生的人工智能素养展开评价迫在眉睫。

1.3.3　人工智能素养评价意义

人工智能时代人类的生产方式、生活方式和学习方式都会相应地改变，新技术将在各个领域发挥重要作用，成为不可或缺的技术力量。在此背景下，对高校学生的人工智能素养展开系统评价对个人、高校、国家都具有重要意义。

首先，在个人层面，人工智能素养评价能够提升个人竞争力。作为社会的未来建设者和时代引领者，高校学生需要利用和结合人工智能技术进行相应的创新和实践。人工智能素养评价有助于为学生个人提升提供理论指导和实践参考，建立学习目标和研究方向，培养学生的高阶认知能力和创新能力，引导学生成为有能力、负责任、符合社会需求的人工智能复合型人才。

其次，在高校层面，人工智能素养评价能够加快高校教育改革。通过评价可以明确学生在人工智能领域的知识与技能水平，帮助教师设定更合适的教学目标和课程内容，优化课程设置和教学进展。评价结果还可以反映学生的实际能力与行业需求之间的差距，提高学生的就业竞争力。同时，作为教育数字化转型的重要组成部分，人工智能素养评价可以辅助高校对教学资源进行优化配置、对学生的学习效果进行精准量化，推动高校教育向更加智能化的方向发展，最终培养出高质量、高素质、全面发展的复合型人才。

最后，在国家层面，人工智能素养评价有利于国家长远发展。2018年，习近平总书记在中共中央政治局就人工智能发展现状和趋势举行的第九次集体学习中指出，"人工智能是新一轮科技革命和产业变革的重要驱动力量，加快发展新一代人工智能是事关我国能否抓住新一轮科技革命和产业变革机遇的战略问题"。高校以人工智能素养评价体系为导向开展人才培养工作，能够确保教育体系与国家战略同步，培养具有国际声誉的战略科技人才和科技领军人才，为国家的长远发展提供人才保障。高校人工智能素养评价还有助于学生理解人工智能伦理和社会影响，以及人工智能在信息技术以外的广泛应用，围绕人工智能发展对教育、经济、就业、法律、国家安全等重大问题开展相关研究，更好地适应和引领社会变革。

2. 人工智能素养与高等教育

2.1　人工智能素养在高等教育中的重要性

2.1.1　促进教学创新，提升教学质量

人工智能的横空出世与迅速迭代为教育环境的变革带来了新机遇。在此基础上，人工智能素养的培育已成为高等教育不可或缺的一部分，它深刻影响着教学模式的创新与教学质量的提升。随着技术的不断进步，AI 在教育领域的应用日益广泛，为高等教育带来了前所未有的机遇和挑战。

2.1.1.1　AI 辅助教学工具的应用

通过引入 ChatGPT 等生成式 AI 工具，高校可以极大地丰富教学手段和教学资源。这些 AI 工具能够为学生提供即时反馈和个性化指导，从而帮助他们在写作、语法、语言表达等方面的提升。例如，希腊帕特雷大学将 ChatGPT 引入英语写作课堂，不仅提高了学生的写作效率，还引导学生对 AI 反馈进行批判性反思，培养了学生的语言表达能力和批判性思维能力。[①]这种教学方式的创新，离不开对学生人工智能素养的培育，使学生能够熟练运用 AI 工具，实现更高效地学习。

2.1.1.2　个性化学习体验的塑造

高等教育注重学生的个体差异和个性化发展，而人工智能素养的培育

---

① 倪琴，刘潞，李潇，等. AI"点燃"课堂：国外教师用生成式人工智能辅助教学[N]. 中国教育报，2024-03-28.

为实现个性化学习提供了有力支持。通过 AI 技术，教师可以更加精准地分析学生的学习数据，了解他们的知识需求和学习困难，从而为他们量身定制教学计划和指导方案。这种以学生为中心的教学模式，不仅能够激发学生的学习兴趣和积极性，还能显著提升教学效果和学习满意度。例如，Coursera 等在线教育平台利用 AI 算法推荐适合学生的学习资源和练习题，帮助他们找到最适合自己的学习方式。

2.1.1.3　教学质量评估与反馈的优化

教学质量评估是高等教育质量保障体系的重要组成部分。传统的教学质量评估往往依赖于学生的主观反馈和教师的自我评价，存在主观性和片面性的问题。AI 技术的引入，使其可以通过数据分析的方式对教学过程进行全面、客观、科学地评估。AI 工具可以收集并分析大量的教学数据，包括学生的学习表现、教师的教学行为、师生互动情况等，从而得出更加准确、可靠的评估结果。这些评估结果不仅为教师的教学改进提供了有力支持，还可以为学校的教学管理决策提供数据参考。

2.1.2　推动跨学科融合，助力综合能力培养

人工智能技术具有跨学科性质，在推动高等教育跨学科融合与综合能力培养方面具有得天独厚的优势条件。培育学生的人工智能素养，可以促进不同学科之间的交叉融合，进而形成综合性、创新性的教学和研究体系。

2.1.2.1　跨学科课程开发

高校可以根据自身学科优势，结合社会需求，开发跨学科的人工智能

相关课程。这些课程可以涵盖计算机科学、数学、统计学、医学、法学等多个领域，形成综合性的知识体系。例如，加州大学圣克鲁兹分校开设的"中世纪瘟疫模拟器"课程，将历史学与人工智能技术相结合，为学生提供了全新的学习体验。通过这门课程，学生不仅能够了解中世纪瘟疫的历史背景和影响，还能够掌握数据分析和模型构建等 AI 技能。① 这种跨学科的课程开发，不仅拓宽了学生的知识面，还培养了他们的综合运用能力。

2.1.2.2 复合型人才培养

随着人工智能技术的广泛应用，现代社会对具备跨学科素养的复合型人才需求也不断增长。高校作为人才培养的摇篮，正积极强化学生的人工智能素养教育，为他们搭建起跨学科学习与研究的桥梁，旨在培养出既具备深厚专业知识，又拥有创新思维与实践能力的高素质人才。牛津大学作为这一领域的先锋，其深度交叉融合的复合课程模式，成功地将人工智能与计算机科学、数学、工程科学等多个学科紧密联结，形成了独具特色的高端人才培养体系。② 这种培养模式不仅要求学生掌握扎实的专业知识，还要求他们具备跨学科的知识储备和思维能力，以适应未来社会的复杂需求。

2.1.2.3 科研创新能力提升

人工智能素养的培育对于提升学生的科研创新能力也具有重要作用。学生掌握 AI 技术与方法后，能够更敏锐地捕捉学科前沿动态，洞察研究热

---

① 倪琴，刘潞，李潇，等. AI"点燃"课堂：国外教师用生成式人工智能辅助教学[N]. 中国教育报，2024-03-28(9).
② 谷腾飞，张端鸿. 英国高校人工智能人才培养模式研究——以牛津大学为例[J]. 中国高校科技，2021(09)：51-56.

点，从而提出更具创新性的研究课题和解决方案。以生物医学领域为例，学生们利用 AI 技术进行基因序列分析、药物筛选与设计等工作，不仅加速了科研进程，更为疾病的诊断、治疗及预防等方面开辟了全新的路径与视角。总之，人工智能素养的培育已成为推动高等教育改革、促进科研创新、满足社会需求的关键力量。①

2.1.3 提升自主学习能力，强化终身学习理念

在知识爆炸的时代背景下，自主学习能力和终身学习能力已成为个人发展的重要素质。强化人工智能素养的培育，有利于提升学生的自主学习能力和终身学习能力，能够使学生快速适应日新月异的社会环境，持续汲取新知，实现自我超越。

2.1.3.1 自主学习环境的智能化

随着 AI 技术的融入，高校正逐步构建起智能化的自主学习生态。智能学习平台、个性化学习推荐引擎及虚拟学习伴侣等创新应用，极大地拓宽了学生的自主学习资源边界，实现了学习过程的高度个性化和高效化。这些平台能够根据学生的兴趣、学习进度和能力水平，智能推荐适合的学习材料和练习题，帮助学生制订个性化的学习计划。同时，AI 技术还能通过数据分析，及时给予学生反馈，指出学习中的薄弱环节，并提供针对性的改进建议。这种智能化的自主学习环境，不仅提高了学生的学习效率，还培养了他们的自主学习意识和能力。

---

① 黄如花，石乐怡，吴应强，等. 全球视野下我国人工智能素养教育内容框架的构建[J]. 图书情报知识，2024，41(03)：27-37.

2.1.3.2 学习策略指导的个性化

AI 技术还能为学生提供个性化的学习策略指导。AI 教育系统能够全面记录学生的学习状态和表现，并能通过对学习数据的分析，为教师制订个性化的学习管理方案，提供更加符合学生需求的学习体验，进一步提升个性化教育效果。同时，AI 系统能够根据学生的特点和需求，智能推荐学习资源和策略，并自动匹配适合学生个体的学习内容和学习路径，激发学生的学习兴趣和学习动力。此外，AI 技术还可以对学生的学习成果进行客观、准确地评估，为学生提供及时的反馈和指导。这种基于大数据的智能指导，有助于学生更加科学地规划自己的学习路径，提高学习效率和质量。

2.1.3.3 终身学习理念的加强化

人工智能素养的培育还进一步强化了学生的终身学习理念。面对日新月异的社会变革和知识更新，AI 技术以其强大的资源整合与推送能力，为学生搭建了跨越时空界限的学习桥梁。学生不仅能够即时获取全球范围内的最新资讯与学习资源，还能通过 AI 的智能推荐系统，不断探索并涉足新兴领域与课程，持续拓宽知识视野，紧跟时代步伐。这种基于 AI 技术的终身学习模式，不仅提高了学生的综合素质和竞争力，还为他们未来的职业发展奠定了坚实的基础。

2.1.3.4 创新能力培养的重要性

自主学习能力的提升还与学生的创新能力密切相关。在 AI 技术的辅助下，学生能够更加自主地探索未知领域和解决复杂问题。在 AI 的辅助下，学生们可以更加自信地运用创新思维，通过编程、数据分析等技能，实现自己的创意和想法，提出新颖见解与解决方案，从而在实践中不断锤炼创新能力与实践能力。① 这种以自主学习为驱动，融合 AI 技术的创新教育模式，为培养具有前瞻视野、创新能力的高素质人才提供了强有力的支持。

人工智能素养的培育对于提升学生的自主学习能力和终身学习能力具有不可忽视的重要意义。通过塑造智能化的自主学习环境、制订个性化的学习策略以及建立终身学习的理念，学生可以更加高效地掌握知识、拓宽视野并提升综合素质。这不仅有助于学生在当前的学习阶段取得优异成绩，更为学生未来的职业发展奠定了坚实的基础。

---

① Holmes，W.，Bialik，M.，Fadel，C. Artificial Intelligence in Education：Promises and Implications for Teaching and Learning. Center for Curriculum Redesign，2019.

2.2 高等教育中人工智能素养的培育现状

人工智能作为新一轮产业革命的核心驱动力，已成为各国科技竞争的新焦点。科技竞争的核心是人才培养能力和集聚能力的竞争，国内外高校纷纷将提升学生的人工智能素养作为重要目标，抢占制高点，通过一系列创新举措推动"人工智能+高等教育"的深度融合，不断提升学生的人工智能素养。

2.2.1 国外高校人工智能素养的培育实践

2.2.1.1 深入人工智能领域研究

从国外高校在人工智能领域的战略规划来看，不少高等教育机构已经将人工智能研究作为战略研究重点领域，通过设立相关研究中心来加速人工智能研究的发展进程，其中部分高校相关研究中心见表2。以麻省理工学院为例，该校不仅设立了计算机科学和人工智能实验室（CSAIL），还建立了麻省理工学院智能探索中心，这些平台汇聚了教师、科研人员及学生，共同致力于人工智能研究与教育的深度融合。多伦多大学附属的矢量（Vector）人工智能研究所则专注于机器学习和深度学习的前沿探索，其应用计算理学硕士（MScAC）专攻人工智能领域的产业化与应用，为学生提供实践经验和行业资源对接。

随着人工智能技术的迅猛崛起，跨学科、跨行业的合作与交流已成为高校关注的焦点。高校不仅重视人工智能对其他学科领域的创新驱动力，还积极争夺这一领域的创新制高点。在此背景下，"人工智能+"模式受到高校的青睐。通过鼓励联合研究项目、跨学科研讨会等举措，高等教育机构致力于促进人工智能与其他领域的交叉创新。卡内基梅隆大学的人工智能社会研究所（AI-SDM）便是这一趋势的典范，它汇聚了人工智能与社会学领域的精英，旨在利用人工智能技术优化社会决策过程。其合作伙伴网络广泛，既涵盖了卡内基梅隆大学计算机科学学院、迪特里希人文社会科学学院的领军人物，也包括哈佛大学、波士顿儿童医院、宾夕法尼亚州立大学等国内外知名学府。斯坦福大学的人工智能实验室（SAIL）同样走在行业前列，该实验室配备了顶尖的高性能计算集群、深度学习框架及海量数据集，为学生打造了一个从理论到实践无缝衔接的学习环境。这些先进的实践平台不仅让学生能够近距离接触最前沿的人工智能技术，还通过亲身实践加深了对理论知识的理解，显著提升了他们的实践能力和问题解决能力。

表 2　国外部分高校领先的人工智能实验平台

院校	实验平台
麻省理工学院	麻省理工学院计算机科学与人工智能实验室（CSAIL）
卡内基梅隆大学	卡内基梅隆大学人工智能社会研究所（AI-SDM）
斯坦福大学	斯坦福大学人工智能实验室（SAIL）
布里斯托大学	布里斯托大学智能系统实验室（ISL）
加州大学伯克利分校	机器人和智能机器实验室（RAIL）
锡耶纳大学	锡耶纳大学人工智能研究所（SCIAI）
苏黎世联邦理工学院	苏黎世联邦理工学院人工智能实验室
瑞士意大利语区高等专业学院	瑞士意大利语区高等专业学院 Dalle Molle 人工智能研究所（IDSIA）

2.2.1.2　开展人工智能课程建设

截至目前，全球已有 45 个国家、451 所高校开设人工智能专业课程，其中美国、德国和英国高校数量分别占全球的 31.9%、10.4% 和 8.0%，[①]部分高校人工智能专业课程见表 3。日本开设人工智能课程的高校数量较少，但其人工智能工程和数据工程的研究人员数量增长较快。

在构建完善的人工智能知识体系方面，国外高校通过设置重基础、多面向、全方位的课程知识体系，有效满足学生日益增长的学习需求。这些课程不仅涵盖了人工智能的基础理论，如机器学习、深度学习、自然语言处理等，还注重实践应用，如在计算机视觉、智能机器人、自动驾驶等不同领域的应用。斯坦福大学的人工智能课程就以其全面性和深度著称，涵盖了从基础算法到高级应用的全方位知识。通过系统的课程学习，学生能够建立起扎实的人工智能理论基础，并具备将理论知识应用于实际问题的能力。

为了构建完善的知识体系，国外高校特别强调课程的跨学科特性。人工智能作为一门交叉学科，与计算机科学、数学、统计学、心理学等多个学科密切相关。因此，在开设人工智能课程时，国外高校积极融入跨学科元素，促进人工智能与其他学科的融合。跨学科的课程设置不仅有助于学生拓宽视野，还能够培养学生的综合能力和创新思维能力。例如，麻省理工学院的人工智能课程就融合了计算机科学、电子工程和神经科学等多个学科的知识，为学生提供了全面的学习体验。[②]

此外，国外高校还注重课程的实践性和创新性，致力于通过多样化的

---

① 崔丹，李国平. 人工智能人才培养与教育政策的全球新走向[N]. 光明日报，2024-03-22.

② 郭娇，秦奕萱，朱雅洁. 美国人工智能方向的研究生培养案例研究[J]. 世界教育信息，2020，33(01)：34-40，63.

教学活动和平台，如实践项目、校企合作、人工智能竞赛等，提升学生的人工智能应用水平。这些实践活动不仅能够帮助学生巩固理论知识，还可以提升学生的动手能力和问题解决能力。例如，加州大学伯克利分校的人工智能课程要求学生参与实际项目，通过团队合作解决现实世界的问题。这种实践性的教学方式不仅提高了学生的学习兴趣和积极性，还为他们未来的职业发展打下了坚实的基础。

最后，在跨学科融合方面，不同学科主体也开设了针对性的课程或项目内容，旨在实现人工智能素养与本专业学生发展需求的有机融合。有学者在2024年1月通过引入KSAVE模型，即知识（Knowledge，K）、技能（Skills，S）、态度（Attitudes，A）、价值（Values，V）、伦理（Ethics，E）5个关键领域，对国外部分具有代表性的高校在人工智能素养方面的教育主体、教学模式和教学内容进行了统计，展现了人工智能素养在不同学科上的具体应用（见表3）。①

表3 国外部分高校优质的人工智能课程

序号	教育主体	项目名字	教学模式	教学内容
1	芬兰赫尔辛基大学跨部门和MinnaLearn企业	人工智能的要素（计算机科学系联合校内其他部门）	MOOC	K
2	伦敦大学学院跨部门	生成式人工智能中心（此中心由UCL跨部门专家团队共同创建）	自主学习资源，教学行为准则	K,S,AVE
		生成式人工智能和学术技能（UCL跨部门专家合作开课）	课程	K,AVE

① 张静蓓，虞晨琳，蔡迎春. 人工智能素养教育：全球进展与展望[J]. 图书情报知识，2024，41(03)：15-26.

序号	教育主体	项目名字	教学模式	教学内容
3	范德比尔特大学计算机科学系	使用 ChatGPT 进行创新教学	MOOC	S
4	隆德大学哲学系	人工智能：伦理与社会挑战	MOOC	AVE
5	麻省理工学院写作教师	关于增加 AI 辅助写作的建议	自主学习资源	K
6	帝国理工学院 AI 工具工作组	生成式人工智能工具指南	教学行为准则	AVE
7	苏黎世联邦理工学院校长办公室	ChatGPT 介绍	自主学习资源	K
		人工智能在教育领域的应用：学术诚信	教学行为准则	AVE
8	芝加哥大学学术技术解决方案	打击学术不诚实行为，第 6 部分：ChatGPT、人工智能和学术诚信	教学行为准则，咨询服务	AVE
9	斯坦福大学教学与学习中心	AI 时代的教学	教学行为准则	AVE
		生成式 AI 使用的课程政策	教学行为准则	AVE
		从小事做起，在课堂上运用人工智能	教学行为准则	AVE
10	加州理工学院教学学习与拓展中心	人工智能时代的教学资源	教学行为准则，自主学习资源	AVE
		生成式人工智能和大型语言模型工具的使用指南	教学行为准则	AVE

续表

序号	教育主体	项目名字	教学模式	教学内容
11	普林斯顿大学麦格劳教学与学习中心	AI/ChatGPT 指南	教学行为准则	AVE
12	加州大学伯克利分校研究教学与学习部门	了解人工智能写作工具及其在加州大学伯克利分校教学中的用途	教学行为准则，自主学习资源，咨询服务	AVE
13	北伊利诺伊大学创新教学与学习中心	ChatGPT 和教育	自主学习资源	K
		AI 指南快速入门	自主学习资源	S
		人工智能教学研讨会	研讨会	AVE
		AI 工具的类别政策	自主学习资源	AVE
		你应该在你的教学大纲中添加人工智能政策吗？	自主学习资源	AVE
		在课堂上使用人工智能	教学行为准则	AVE
		引领有关人工智能的批判性对话	教学行为准则	AVE
14	耶鲁大学普尔武教学与学习中心	人工智能教师指导	教学行为准则，自主学习资源	K, AVE
15	帝国理工学院教学与评估中的人工智能工具工作组	教学和评估指南中的人工智能工具	教学行为准则	AVE
16	蒙特克莱尔州立大学教师卓越办公室	对生成人工智能的实际反应	自主学习资源，教学行为准则，咨询服务	AVE

续表

序号	教育主体	项目名字	教学模式	教学内容
17	苏黎世联邦理工学院图书馆	科学写作——有效且负责任地使用 ChatGPT	课程	K,S,AVE
18	美国南佛罗里达大学图书馆	AI 工具和资源	教学行为准则，自主学习资源	K,S,AVE

2.2.1.3　强化人工智能师资培养

为了全面提升教师的人工智能素养，国外多所高校采取了多元化举措。例如，通过定期举办人工智能专题研讨会和培训班，邀请业内专家进行授课等，使教师能够系统地学习人工智能的理论知识和实践技能。斯坦福大学教育技术中心（Center for Teaching and Learning）在此方面树立了典范，通过提供丰富多样的培训资源和教学指导，有效助力教师将人工智能技术无缝融入日常教学之中。

高校还鼓励教师参与人工智能相关的研究项目，通过"以研促教"的良性循环，促进教师科研能力与教学能力的双重提升。这种实践导向的学习方式不仅加深了教师对人工智能前沿技术的理解，也促使教师将最新的研究成果转化为生动的教学内容，极大地激发了学生的学习兴趣与参与热情。

此外，一些高校还建立了跨学科的人工智能教学团队，通过团队合作的方式共同提升教师的人工智能素养。这种团队模式不仅有助于教师之间的知识共享和经验交流，还能促进不同学科之间的融合和创新。例如，麻省理工学院的人工智能实验室就拥有一支由多个学科背景的教师组成的团队。麻省理工学院的人工智能实验室及其教育技术倡议便是这一模式的杰出代表。这不仅推动了教师在教学中探索和应用人工智能技术的步伐，还促进了学科之间的交叉融合与创新，为学生提供了更为广阔的学习视野与成长空间。

2.2.1.4 加强人工智能应用规范

生成式人工智能的普及对高等教育的教学质量与学术诚信带来了巨大挑战，面对这一趋势，各国大学采取了多样化的应对策略。部分大学没有设立全校统一政策，而是鼓励教师根据个人课程需求自由探索新技术；一些大学则着重强调教师在使用人工智能工具时的隐私与安全性审查责任，并对潜在风险进行细致分级；也有大学积极为教师提供创新作业形式与评估方式的指导；更有大学成立了专门的人工智能委员会，规划跨学科教学应用的蓝图，并发布了详尽的科研与行政管理指南。[1] 此外，还有大学制订了前瞻性的指导原则，旨在助力师生在日益智能化的世界中扮演引领者的角色。

以杜克大学为例，该校明确未经授权使用人工智能将视为作弊行为，但在全校层面未制订统一的政策。杜克大学认为，在快速发展的人工智能技术面前，标准化、"一刀切"的政策可能会忽视教师自身对人工智能的立场，从长远看是不可取的。该校将决策权下放至教师手中，并提供一份汇总了美国其他大学教师关于人工智能应用经验与见解的指南，旨在激发本校教师结合自身课程特点制定个性化政策。加州大学伯克利分校在生成式人工智能工具的教学应用上则持谨慎态度，目前并未将 ChatGPT 等工具列为官方支持的教学手段，且正在全面评估其可访问性、隐私保护及安全性。该校明确指出，是否在教学中引入 ChatGPT 的决定权完全归属于各院系及

---

① 余秀，陈茜. 国外一流大学人工智能行动与策略[J]. 中国教育网络，2024（Z1）：40-43.

教师个人，并要求教师在引入前自行承担审查关键问题的责任，以确保教学活动的有序进行及学生权益的充分保护。为协助教师更好地履行此职责，学校提出以下指导原则：一是教师应明确告知学生，哪些行为属于对ChatGPT的不当使用，以规避潜在的教学风险与道德争议；二是教师应积极引导学生认识独立思考与自主写作的重要性，鼓励学生在学术道路上秉持诚信原则，追求真实、独立的知识探索与表达。

2.2.1.5 推进产学研协同化培养

国外高校还通过加强产学研协同培养人工智能人才，积极促进高校、企业和研究机构之间的合作，将理论研究与实际应用相结合，进而培养学生的实践能力和创新精神，推动科技创新与产业升级。

以斯坦福大学为例，该校的人工智能课程不仅注重理论知识的传授，更强调培养学生的实践操作能力。通过引入一系列与企业合作的实际项目，斯坦福大学使学生能够在真实环境中应用所学知识，解决实际问题。这些项目涵盖了从机器学习算法开发到自然语言处理等多个不同的领域，为学生提供了丰富的实践机会。在这样的实践导向教学模式下，学生们不仅加深了对人工智能核心理论的理解，更培养了其创新思维与团队协作能力。

同时，该校鼓励学生进行跨学科合作，将计算机科学、数学、心理学乃至法律、艺术等多学科知识融入人工智能项目中，以期碰撞出更多创新的火花。为了进一步增强学生的实践能力，斯坦福大学还设立了创新实验室和孵化器，为有志于将人工智能技术转化为实际产品或服务的团队提供资源支持。在这里，学生们不仅可以接触最新的技术趋势，还可以与业界专家面对面交流，甚至有机会获得风险投资，将自己的创意变为现实。

此外，斯坦福大学还积极组织学生参与国内外的人工智能竞赛和黑客马拉松活动。这些高强度、快节奏的赛事不仅考验了学生的技术实力，更锻炼了他们的快速学习能力、应变能力和解决问题的能力。许多优秀的项目正是在这样的挑战中诞生，并最终走向市场，对市场与社会产生了深远的影响。

值得一提的是，斯坦福大学非常注重对人工智能伦理与社会影响的讨论。在实践项目中，学校会引导学生深入思考人工智能技术的社会影响，内容涉及隐私保护、算法偏见、就业结构变化等议题。通过组织研讨会、讲座和案例分析，学生能够更全面地认识到人工智能技术的双刃剑特性，在积极推动技术创新的同时，也承担起社会责任。

2.2.2　国内高校人工智能素养的培育实践

2.2.2.1　推进人工智能领域研究

自 2018 年中国教育部印发《高等学校人工智能创新行动计划》以来，许多中国高校已建成人工智能学院或人工智能研究院，加大了对人工智能领域相关学科的投入，并致力于解决人工智能领域的技术难题，构建全链条创新体系，产出具有前瞻性、颠覆性的原始科技成果。国内部分高校人工智能学院的成立情况，如表 4 所示。

表 4　国内部分高校人工智能学院的成立情况

院校	学术平台
清华大学	清华大学人工智能学院（2024 年成立）
北京大学	北京大学人工智能研究院（2019 年成立）
	北京大学智能学院（2021 年成立）

续表

院校	学术平台
复旦大学	复旦大学人工智能创新和产业研究院(2021年成立)
上海交通大学	上海交通大学人工智能学院(2024年成立)
	上海交通大学人工智能研究院(2018年成立)
南京大学	南京大学人工智能学院(2018年成立)
中国科学技术大学	中国科学技术大学人形机器人研究所(2024年成立)
西安交通大学	西安交通大学人工智能与机器人研究所(1986年成立)
哈尔滨工业大学	哈尔滨工业大学机器人研究所(1986年成立)
中国科学院大学	中国科学院大学人工智能学院(2017年成立)

此外，各高校实验平台的建设得到了进一步强化，为提升高校人工智能科研水平提供了坚实的学术支撑。例如，清华大学智能技术与系统国家重点实验室依托于清华大学计算机科学与技术系，从事人工智能领域的基础与应用基础研究，在机器人跨模态主动感知、认知学习、人机交互、机器人灵巧操作方面有多年研究积累。其研究内容广泛，包括精准医疗、智能机器人、智能人机交互等，涉及无人车、无人机、室内移动机器人等多种智能平台，以及这些平台在多传感器融合下的感知、决策与规划等技术。该实验室承担了多项国家重点科研任务，一些研究已达到国际水平。此外，北京大学的大数据科学研究中心是北京大学在大数据科学领域的重要平台，为学生提供了丰富的实验和研究资源，帮助学生深入理解和应用大数据技术。浙江大学也设立了大数据科学国际研究中心，并建设有浙江省之江教育信息化研究院教育数据应用研究实验室，这两个平台为学生提供了国际化的学习和研究环境，推动了教育数据的应用和研究，提升了学生的国际

视野和实践能力。上海交通大学在人工智能领域布局了 11 个研究中心，包括数学基础研究中心、机器认知计算研究中心、视觉智能研究中心等。这些研究中心涉及前沿基础、关键技术、应用场景和治理规则四个方面，为人工智能领域的深入研究提供了强有力的支持。南京大学的数据智能与交叉创新实验室和中国科学技术大学的人工智能与数据科学学院也都为数智教育教材建设和实验平台建设方面作出了积极贡献，为学生提供了丰富的实验资源和学习机会，促进了学生在人工智能和数据科学领域的全面发展。

2.2.2.2 推动人工智能课程开设

人工智能相关课程的开设情况是衡量高校人工智能素养培育水平的重要指标。近年来，随着人工智能技术的迅猛发展，国内越来越多的高校开始重视并加大在人工智能领域的投入，纷纷开设人工智能相关课程，全面推行人工智能通识教育，建构涵盖从基础理论到应用实践的全方位知识体系。这一知识体系通常包括"基础理论""综合素养""前沿拓展""实践实训"四个模块。

"基础理论"模块旨在确保学生能够全面掌握人工智能的基本概念，深入理解人工智能的主要思维模式以及当前的主流研究方向，致力于引导学生形成对人工智能时代的正确认知与理解，以帮助学生适应并融入这一快速发展的时代环境。"综合素养"模块旨在培养学生的人工智能基本思维，使其熟悉并掌握运用人工智能解决问题的核心方法与技术框架。"前沿拓展"专题模块作为教学创新的切入点，聚焦于人工智能与不同学科的交叉融合，充分展现了高校在学科专业方面的多样性与综合性优势。"实践实训"专题模块，则由高校结合其学科优势与特色，精心策划并组织学生参与创新项目、学科竞赛、实验实训及企业参访等一系列实践教学活动。通过这些活动，使学生们能够亲身体验人工智能技术的实际应用，深入探究其对社会的深远影响及未来发展方向，为他们在未来创新的道路上奠定坚实的基础。

以复旦大学为例，该校计划在未来一学年内推出超过 100 门 AI 领域课程，形成"AI-BEST"课程体系，该体系旨在为学生提供从夯实基础知识到深化应用实践，再到培养创新能力的全方位、多层次教育资源。这一举措不仅体现了复旦大学在人工智能领域的深厚底蕴和前瞻视野，也为其他 985 高校提供了宝贵的经验。在课程设置上，复旦大学注重知识的系统性和前沿性。基础课程如"模式识别与机器学习"等，不仅涵盖了人工智能的基本概念和原理，还融入了 Transformer 模型、分布式训练等前沿技术内容。同时，该校还与企业合作，共同建设编程实训平台，为学生提供实践机会。这种"产学研"相结合的教学模式，提高了学生的实践能力，也促进了科研成果的转化和应用。在教学方法上，复旦大学采用了线上与线下相结合的教学方式。线上教学通过在线课程、网络论坛等平台，为学生提供丰富的学习资源；线下教学则通过研讨会、实验室实践等活动，让学生在实践中掌握人工智能技术。这种混合式教学模式不仅提高了教学效果，也激发了学生的学习兴趣和主动性。此外，复旦大学还注重培养学生的创新能力和团队协作能力。通过引导学生参与科研项目、撰写学术论文，有效锻炼了学生的科研思维与创新能力；通过组织小组合作学习、团队项目挑战等活动，显著提升了学生的团队协作能力与沟通技巧。这些教学方法的综合运用，为学生未来的职业发展与个人成长奠定了坚实的基础。

随着人工智能技术在各学科领域的广泛应用，一些高校开始推出跨学科的人工智能课程。这些课程旨在将人工智能技术与特定领域的知识结合，培养学生在跨领域中的综合能力。南京大学于 2024 年 9 月开设"1+X+Y"三层次的人工智能通识核心课程体系，该体系汇聚了文理学科的优质师资力量，目标在于全面培养学生的数据思维、计算思维及智能思维，同时在通识教育、技能提升及实践应用等多个维度上提升学生的人工智能素养与能力。① "1门人工智能通识核心课"引导学生正确认识和理解我们所处的智能时代。"X门人工智能素养课"即开设一系列关于人工智能基本思维、基本技能的基础课，以及关于人工智能在不同领域的应用课，让学生了解人工智能在数字人文、数字经济、社会科学中的应用。"Y门各学科与人工智能深度融合的前沿拓展课"则采取"课程+项目"模式，让学生有机会深入重点实验室、头部企业等前沿平台，直接参与并体验最尖端的科学研究与产业实践。

哈尔滨工业大学研究生课程体系同样独具特色，它通过汇集高校、行业企业和社会各方力量，形成哈工大特色的人工智能教育框架。该体系涵盖了智能感知技术、微纳光子学器件智能设计原理与应用、人工智能技术在环境领域的应用与发展、异构边缘智能计算系统开发技术、人工智能在财务领域的应用、桥梁风工程的人工智能技术应用、智慧水电及模型装置实验技术、AI增强的环境系统数学建模与仿真、人工智能大模型赋能智能网联汽车前沿理论与实践等多个领域的创新运用过程。以"智能感知技术"课程为例，这一课程将人工智能技术和传统传感技术、通信技术的知识相融合，讲授智能感知前沿核心技术的原理和应用。这些前沿内容包括利用传感器、通信技术和人工智能技术实现对系统内部自身状态和外部物理环境的智能感知，通过各种通信技术进行信息传输，利用数据处理和图像识别等技术进行信息处理，利用人工智能对这些数字信息进行融合、认知和处理，如取舍、记忆、理解、规划和决策等，为学生提供了全面而深入的学习体验。

---

① 开设通识核心课程 提升人工智能素养 南京大学：培养智能时代的高素质劳动者[N]. 科技日报，2024-04-02.

2.2.2.3 提升教师的人工智能素养

国内高校高度重视教师在人工智能浪潮冲击下的重要地位。华东师范大学教育学部主任袁振国教授表示："教育数字化离不开人的作用，尤其是教师的作用。这里的教师不是传统的教师，而是具备数字素养，具有人机互动、人机协同能力的教师。"[①]教育数字化战略是教育创新的抓手，是教育创新发展的时代要求。如何促进教师数字的素养提升，国内高校也在纷纷做出了自己的解答。

2018 年教育部办公厅印发《关于开展人工智能助推教师队伍建设行动试点工作的通知》，首次提出"教师智能教育素养"的概念：对教师进行智能教育素养培训，帮助教师把握人工智能技术进展，推动教师积极运用人工智能技术，改进教育教学、创新人才培养模式。对此，北京外国语大学作为唯一试点高校进行了全方位的教育实践，并开展了"全国教师智能教育素养提升论坛暨第二届北京外国语大学—英国开放大学在线教育研修班"等一系列活动。经过三年时间的不断探索，在 2021 年 9 月举行的试点工作总结交流会上，与会专家充分肯定了北京外国语大学积极建设教师发展智能实验室、教师智能教育素养提升平台（BFSU TDLDP）等推进行动。在总结试点经验的基础上，教育部启动第二批人工智能助推教师队伍建设行动试点工作，在北京大学等 100 个单位开展第二批试点，进一步"推进人工智能、大数据、第五代移动通信技术（5G）等新技术与教师队伍建设的融合"，将提升教师智能教育素养作为六项重要任务之一推广到地市和区县，成为"助推教师管理优化、助推教师教育改革、助推教育教学创新、助推教育精

---

① 数字素养与技能是教师立身之本——教师数字素养与胜任力提升平行会议观察［EB/OL］．（2024-01-31）［2024-04-10］．http://www.moe.gov.cn/jyb_xwfb/xw_zt/moe_357/2024/2024_zt02/pxhy/pxhy_jssy/pxhy_jssy_mtbd/202401/t20240131_1113510.html.

准扶贫新路径"。① 由此可见，人工智能赋能教师队伍建设、提升教师智能教育素养是我国下一阶段教育现代化的重要发展目标之一。

在人工智能助推教师队伍建设试点工作中，北京大学主要通过组织培训、资助专项课题等方式提升教师的数字素养与应用能力。一是开展人工智能助推教师队伍建设及数字人文的专题培训。北京大学通过邀请人工智能相关领域的专家学者，研讨了关于教育发展的数字化智能化、人工智能驱动下的教育创新与应用等具体内容，累计有上千人次的北京大学一线教师通过线上线下相结合的方式参与了培训活动。目前北京大学正在积极推进与剑桥大学的合作，探索数字化、智能化等新技术对未来教育的影响和改变，致力于促进基于教学实践的研究和全球范围产学研的交流合作。二是建设支撑教师培训的专门研修平台，优化学习资源。北京大学在 2022 年春季学期部署建设了北大培训平台。该平台不仅为教师线上参与直播培训或回看录播提供了便利，也为教师的长期研修提供了丰富的学习资源。同时该平台将自动记录教师的研修数据，为教师的研修情况提供数据支撑。三是遴选人工智能研究与应用方面基础好的院系和实验室进行先行先试。以大数据、人工智能为代表的数字技术在北京大学的人文、考古、医学、化学材料等学科领域有了很好的建设基础，并取得了一定成效，促进了信息技术对传统学科的赋能升级。四是在全校范围内培育孵化人工智能改进教学的应用案例。北京大学启动了"北京大学人工智能助推课程建设项目"，作为人工智能助推教师队伍建设的子项目。学校在全校范围内通过征集 56门课程来开展人工智能技术赋能教育教学改革的重要实践，旨在提高教师的信息化教学能力，促进人工智能与教育教学的深度融合。

---

① 王丹. 人工智能视域下教师智能教育素养研究：内涵、挑战与培养策略[J].中国教育学刊，2022(03)：91-96.

东北大学也在积极利用人工智能技术着力提升教师信息素养，建设创新团队，赋能教师队伍评价改革。一是实施教师信息素养提升计划。该校于 2021 年年底出台《东北大学教职工培训规定》，该规定结合教师成长特点与发展需求分类组织教育技术培训，将人工智能素养提升作为一项纳入教师培训制度安排的重要任务。二是重点支持人工智能领域教师队伍建设。围绕人工智能研究领域，该校通过实施"创新团队建设工程""协议年薪制岗位聘任""长聘教师岗位聘任"等举措，加大力度重点支持特色鲜明、创新活力强、研究方向明确、引领学科跨越式发展的高水平人工智能研究创新团队。该校鼓励教师开展自由探索，开拓新的研究方向，打破学科专业壁垒。同时，建立有利于学科交叉融合的学术评价和成果认定机制，优化学科交叉领域资源配置，瞄准科技前沿和关键领域，重点支持人工智能、智能制造与装备、深地深空、新能源及储能、新材料等研究方向的交叉融合，推动创新团队及所在学科实现跨越式发展。三是用大数据支撑教师评价改革。该校利用大数据采集和学习分析技术，对教师教学、科研等育人各环节数据进行深度分析，在职称晋升、聘期考核、团队遴选等工作中，充分利用大数据，对教师及所在团队在教育教学、科学研究、学术影响力等方面进行深度分析，探索建立包含第三方客观数据源分析评价在内的综合测评体系，全面了解教师的科研现状及发展趋势，为教师及团队发展评价提供数据支撑。

2.2.3 武汉大学人工智能素养的培育实践

2023 年 11 月，武汉大学正式发布了《武汉大学数智教育白皮书（数智人才培养篇）》，该白皮书全面总结了武汉大学在数智教育领域的优势与鲜明特色，并明确提出了构建具有武汉大学独特风格的系统化数智教育培养方案的重要目标，旨在全方位提升学生的人工智能素养。

2.2.3.1 推进人工智能专业领域研究和人才培养

目前，武汉大学在人工智能领域拥有多个培养单位和研究平台，共同构建了武汉大学在人工智能领域的教育和研究体系，旨在培养具有创新精神和实践能力的高素质人才，同时推动人工智能领域的发展和创新。

2019 年，武汉大学整合综合学科优势，依托计算机学院，联合全校 18 个院部，以跨学科多元交叉为特色，成立了人工智能研究院。研究院校企共建、产学研高度融合，攻克人工智能重大基础理论难题和突破"卡脖子"技术问题，培育人工智能核心竞争力，构建了大型跨学科创新研究平台，服务于武汉大学各学科发展和科技创新。2020 年，由计算机学院长期从事人工智能理论研究和技术创新的教师成立了人工智能系。该系是国家多媒体软件工程技术研究中心及多媒体通信工程湖北省重点实验室的核心支撑单位，也是武汉大学人工智能研究院的核心建设团队。人工智能系是学院国家级人才数量最多、人才质量最高的系，目前有国家自然科学基金杰出青年 1 人、优秀青年 6 人，新世纪优秀人才计划入选者 2 人，全国博新计划获得者 2 人，CCF 优博 1 人，中国科协托举计划人才 1 人。2024 年 3 月，武汉大学宣布成立机器人系，仍设在计算机学院。新成立的武汉大学机器人系充分利用学校的学科优势，成立跨学科工作小组，开展资源调研，建立共享资源库，开设跨学科课程，建立评估机制。通过这些举措组成机器人学科建设的核心，旨在整合来自测绘、遥感、导航、机械、电子等跨学科的教育资源，为高素质机器人技术人才培养奠定坚实基础。武汉大学与小米公司合作的明星项目——雷军班，旨在培养兼具优异工程研发能力和卓越创新创业能力的领军人才。该项目采用灵活的培养模式，包括个性化的学制选择和灵活的学分认定制度。学生将享有丰富的教育资源，包括优先赴头部企业实习和参加国外研修、游学的机会等。

通过在人工智能研究领域的深耕，武汉大学在人才培养、科学研究、产教融合、成果转化等方面都取得了突破性进展，为人工智能赋能跨学科交叉建设的研究体系和人才培养体系打下了坚实的基础。

2.2.3.2 搭建人工智能教学实践和支撑平台

在实验室建设方面，近年来，武汉大学陆续引入了经济、金融、法律、医药卫生等学科领域的重要数据库资源，为人工智能专业建设提供了丰富的数据储备。在软件工具方面，学校可提供 LAMMPS、TensorFlow、MATLAB 等专业计算软件和几十种通用开源软件。各学院搭建了关于文科和理工科的实验平台，依托丰富的实验教学平台，学校建设了覆盖多个学科的重点实验室、研究院等机构，培养学生科研实践能力。学校现有国家级实验教学示范中心 10 个、国家级虚拟仿真实验教学中心 3 个、湖北省实验教学示范中心(虚拟仿真中心)25 个、国家级虚拟仿真一流课程 16 门、省级虚拟仿真一流课程 26 门。在算力基础上，武汉大学算力资源主要由超算中心和各学院自建算力平台构成，总算力位居全国高校前列。其中，超算中心集群系统是学校重点建设的校级公共服务平台，主要为学校教学科研提供高性能计算服务和技术支持，当前拥有 817 个计算节点和 6PB 数据存储空间，总理论计算能力达到双精度峰值 6650 万亿次/秒。

按照"共建共享、互联互通、交叉融合、开放运行"的总体思路，学校汇集"数据、工具、算力"三大资源，搭建"共享、开放、交叉、创新、创业"的数智人才培养实验，创新教学"六个一"平台，即"一套数据集、一套工具集、一个算力池、一套标准集、一站式门户、一个数智社区"，培养学生运用真数据(算据)、学会真模型(算法)、体验真处理(算力)、适应真场景(算题)的能力，让广大学生得以在"零距离"的实验、实习、实践中了解前沿技术，增强人工智能技能，成长为符合实际需求的人工智能数智人才。

2.2.3.3 建设学科专业培养体系

武汉大学拥有数学、计算机科学与技术、图书情报与档案管理、测绘科学与技术、地球物理学、理论经济学、工商管理学、法学等一系列全栈强势学科，这些学科均具有较强实力，为人工智能数智化高端人才的培养提供了坚实的学科基础。通过实施"数智+"战略，促进交叉专业建设，武汉大学为人工智能数智化高端人才培养创造了跨学科融合的机会与平台。

武汉大学现有 130 个本科专业，其中数智人才培养领域共涉及 16 个学院的 35 个专业，20 个专业入选国家级一流本科专业建设点、6 个专业入选省级一流本科专业建设点。根据专业与数据科学领域融合程度进行分类，可分为以下三类：数据科学相关专业（共 11 个，如软件工程、信息与计算科学等信息类专业，强调数据科学基本理论与方法），数智赋能相关专业（共 16 个，如空间信息与数字技术等理工类专业，强调数据采集与管理分析），数据应用相关专业（共 8 个，如金融工程等人文社科类专业，强调数据分析与应用）。

近年来，武汉大学提出"学科专业优调跃升计划"，旨在通过优化调整学科专业，积极把学科发展优势转化为人才培养优势。武汉大学充分发挥自身 82 个国家级一流本科专业建设点，11 个"双一流"建设学科的作用，增设"人工智能"等多个新兴专业和学科交叉融合专业。武汉大学还计划申报新增机器人工程等人工智能领域的交叉专业，从而进一步丰富学科体系。同时，学校还设立人工智能实验班等跨学科试验班，加速优势专业与人工智能等现代信息技术深度融合。截至目前，武汉大学已经建设了智能电气试验班、智能机器人试验班、智慧国土空间规划试验班等 23 个新兴交叉试验班。其中仅 2024 年一年就新增了智能导航试验班、建筑学人工智能试验班、数智土木试验班等"数智+"新兴交叉试验班 12 个，充分展现了武汉大学全面推进人工智能跨学科融合人才培养体系建设，大力调整专业结构布局的决心。同时，数智人才培养方案的全校覆盖，不仅提升了学生的人工智能素养，还加强了专业内涵建设与经济社会发展需求的匹配度，有助于构建科学合理的本科人工智能素养教育体系。

2.2.3.4　建设各专业跨学科培养体系与课程体系

武汉大学将数智人才培养分为"通识、赋能、应用、专业"四个类型，贯通本科、专业型硕士和博士三个学历层次，采取"分类+梯度"的模块化选课、"融通+创新"的灵活性设课、"基础+场景"的差异化授课的体系化分类培养思路。对于通识型学生侧重于数字能力素养培育，即基本掌握数据生命周期各个阶段的数据处理技能，并能够在相关专业的数据处理与应用中解决一般问题；对于赋能型学生侧重于数据生命周期前期阶段的技能培训，即数据的采集、管理和分析；对于应用型学生侧重于数据生命周期后期阶段的技能掌握，即数据的分析、挖掘与呈现；对于专业型学生则要求全面掌握，为后面的学习奠定基础。

为培养学生的数字思维，让更多学生了解围绕数据和信息开展的涉及其全生命周期的各项活动，武汉大学面向全校所有专业学生开设了15门与数据和信息相关的一般通识课程，包括"大数据导论""大数据与信息社会"等。同时，为加强对学生数智能力的培养，武汉大学结合不同学部、不同专业对数据科学知识的需求，开设了35门不同层次的公共基础课程，包括"数字人文""数据分析""机器学习及应用"等。各学院根据学科专业特点，还开设了288门相关专业教育课程，包括"计算思维与数据科学""金融与大数据挖掘""数据库系统原理"等。理工类学院以专业教育课程的形式开设数据科学相关课程，如"数据结构""机器学习"等，以提高学生使用现代工程工具和信息技术工具的能力；此外，还开设"数据安全""伦理道德"相关课程，以培养学生的数字素养、人文社会科学素养。人文社科类学院多以公共基础课程的形式拓展学生的数字思维，培养学生跨学科交叉学习能力，通过专业选修课程或跨学院选课的方式提供具体数字技术课程。同时，为进一步培养学生通过数据技术解决实际问题的能力，武汉大学还面向全校本科生开设了系列实践(创新)课程，如"大数据与信息社会""大数据背景下的营销思维"等课程，并进一步借助 AI 数智人快速补充和更新课程资源。此外，AI 助教的全天候在线互动功能，为学生提供了预习、复习和备考的个性化辅导，增强了学习的针对性和有效性。这些措施不仅提升了课堂质量，而且让学生近距离感受人工智能技术的魅力，加深了对人工智能的理性认识。

鉴于不同学科研究领域的具体面向，各学院在专业教育课程中设置了特色数智教育相关课程，以提升学生学科交叉研究能力，培养学生采用科学方法研究专业相关复杂问题的能力。一方面，为跨专业入学的学生提供补修课程，以使其具备扎实的专业基础理论知识；另一方面，为不同专业研究方向、不同学科背景的学生，提供相应学科领域的课程，为相关专业进行赋能。

2.2.4 高校人工智能素养培育面临的风险与不足

人工智能技术的进步在深刻推动生产力的大发展的同时，也在技术层面、道德层面、法律层面等多方面向人类社会提出了新的挑战，这都需要在高等教育领域进行提前布局，将高校人工智能素养的培育作为提升全社会人工智能素养水平的基础性工程扎实推进。

2.2.4.1 人工智能技术发展给高等教育带来的风险挑战

人工智能时代的到来，在赋予未来社会无限机遇的同时，也不可避免地衍生出一系列复杂问题。

在技术层面，人工智能的技术适用性还有待提高。人工智能依赖算法和数据来执行任务，为教育提供个性化学习与教学方案，但由于学习数据的稀疏性问题，其提出的方案可能会欠精准，甚至会以偏概全。同时，对于人工智能技术的依赖也会带来新的风险，即"技术依赖"。教育者和管理者可能会过度依赖这些技术来解决教学和管理上的问题，而学习者也可能过度依赖人工智能技术来获取知识和信息，这也可能导致学习过程中独立思考的重要性被忽视。①

在数据安全与隐私方面，如何在利用数据提升教育质量的同时，确保信息安全和学生隐私不被侵犯，是一个亟待解决的问题。人工智能所累积的数据不仅涵盖了学生的基础个人信息，更涉及他们学习过程中的重要记录，如学习进度、学业成绩以及行为模式等敏感数据。在实践中，由于理念、技术、管理等多方面的因素，学生的隐私有被泄露的风险，这可能对学生的个体安全造成严重损害，对教育系统的稳定产生严重威胁。

在教学过程中，随着教育场景中融入生成式人工智能技术，教师需要从单一的知识传授者向多元化、综合型的教学设计师和学习伙伴转变，这需要大量的专业发展培训和支持。同时，部分教师可能会产生职业焦虑感，担心自己的价值被替代。因此，教师首先需要正确认识新技术，掌握新的教学工具和方法，这无疑对教师队伍建设提出了新的要求。对学生来说，学生自主学习能力的重要性日益凸显以及人工智能工具的使用日益增加，需要对技术有较强的感知力和快速应用能力，同时由于跟老师和其他同学之间的交流可能会减少，需要在智能工具和情感交流中找寻平衡。

2.2.4.2　当前高等教育中人工智能素养培育的不足

国内外高校人工智能素养培育的过程中，存在一系列不足之处。首先，

---

① 司林波. "人工智能+教育"：现状、挑战与进路[J]. 国家治理，2024(13)：28-36.

在课程设置与教学资源方面，尽管许多高校已经开设了人工智能相关课程，但课程内容的深度和广度仍有待提高。目前，仅有少数顶尖高校构建了全面且深入的人工智能课程体系，其他院校对人工智能领域的全面理解和深入探索有待推进。同时，某些院校相关教学资源的匮乏，特别是高质量教材和实验平台的不足，也显著影响了学生的学习成效，使得学生在理论学习和实践操作上难以得到充分的支持。

其次，师资力量与科研实力的缺失是另一个重要的挑战。当前，许多高校教师在提升数字素养时，多停留于技术层面的简单学习与应用，忽略了技术改变教学背后的深层逻辑与价值追问，弱化了技术改变学生学习方式的潜力。具体表现为，教学中过于依赖信息展示与呈现的表面化、形式化技术应用，而缺乏对自主学习任务设计、技术支持下学习成效评估的深入探索与利用，这导致教学决策缺乏持续性和系统性，教学模式创新不足，问题解决效率低下。

最后，学生参与较少与实践机会的匮乏也是当前面临的一大挑战。尽管一些高校已经组织了人工智能竞赛和项目，但学生的参与度与受益度仍然有限。许多学生由于缺乏实践经验和技能，难以在竞赛和项目中脱颖而出。此外，由于高校与企业之间的合作机制尚不完善，学生难以获得高质量的实习和实训机会。

面对以上这些问题，各高校应该加强课程建设与教学资源整合，进一步提升师资力量与科研实力，并拓宽学生参与和实践的渠道。只有这样，才能培养出更多具有创新精神和实践能力的人工智能人才，为国家的科技进步和社会发展作出更大的贡献。

2.3　人工智能素养培育如何融入高等教育

将人工智能素养融入高等教育是时代发展的必然趋势，也是培养优秀人才的重要途径。在融入过程中，应当从学生课程学习、教师队伍建设、体制机制优化等方面进行系统性规划，以培育一批又一批具备较高人工智能素养的新时代人才。

2.3.1　人工智能技术融入高等教育课程体系

2.3.1.1　教学模式的创新性

在培育人工智能素养的过程中，教学模式的创新发挥着重要作用。项目式学习和翻转课堂等创新性的教学模式，为高等教育注入了新的活力。具体而言，项目式学习强调学生以实际项目为导向，通过团队合作、问题解决和成果展示，培养学生的实践能力和创新思维。例如，若需要在计算机科学专业引入一个基于人工智能技术的智能医疗项目，学生需要在导师的指导下，完成从需求分析、系统设计到实现与测试的全过程项目实践。这种教学模式不仅提高了学生的动手能力，还使他们在实践中深刻理解了人工智能技术的实际应用。

翻转课堂则打破了传统课堂的教学模式，将知识传授与知识内化两个过程颠倒。学生在课前通过观看教学视频、阅读资料等方式自主学习，课堂上则通过小组讨论、教师答疑等方式深化理解。这种教学模式充分利用了现代信息技术的优势，提高了学生的学习效率和参与度。

2.3.1.2 教学方法的多样化

在培育人工智能素养的过程中，多样化的教学方法在提升学生的学习效果和兴趣方面发挥至关重要的作用。案例教学作为一种实践导向的教学方法，能够使学生通过具体案例的分析和讨论，深入理解人工智能技术的实际应用和潜在影响。例如，通过分析自动驾驶汽车的发展案例，学生可以了解人工智能在交通领域的创新应用，探讨其对社会、经济和环境的影响。这种教学方法不仅有助于学生掌握理论知识，还能培养他们的批判性思维能力和问题解决能力。

模拟实验则是另一种有效的教学方法，它允许学生在虚拟环境中模拟真实场景，进行人工智能技术的实践操作。通过模拟实验，学生可以亲身体验人工智能技术的运行过程，了解算法的实现原理和效果评估方法。例如，在机器学习课程中，学生可以使用模拟数据集进行模型训练和测试，以验证不同算法的性能和适用性。该方法能够帮助学生加深对理论知识的理解和记忆，提高他们的实践能力和创新能力。

采用案例教学和模拟实验等多样化教学方法，能够帮助学生在毕业后不仅具备扎实的理论基础，同时具备较强的实践能力和创新思维能力，能够更好地适应人工智能技术快速发展对工作生活带来的变化，在实际工作中发挥重要作用。因此，高校在人工智能素养培育过程中，应积极探索和采用多样化的教学方法，以提高教学质量和效果。

在人工智能素养培育中，多样化的教学方法是激发学生创造力和实践能力的关键。通过案例教学和模拟实验等教学方法的应用，为学生提供更加丰富、生动的学习体验，帮助他们更好地掌握人工智能技术的核心知识和技能，为未来的职业发展奠定坚实基础。

2.3.2 人工智能教育的跨学科整合及其学习

2.3.2.1 跨学科整合的重要性

人工智能素养教育的学术支撑来自跨学科的研究和实践。人工智能作为涉及计算机科学、数学、统计学、工程学等多学科领域的综合性技术，不仅要求学生具备深厚的专业知识，还需具备跨学科的视野及能力。如何通过跨学科的整合，助力学生的各方面能力的提升和创新思维的培养，从而更好地适应和引领人工智能技术的发展应用，是人工智能融入高等教育课程体系的重大课题。

在人工智能课程中，学生不仅需要学习计算机科学的算法和编程技能，还需要理解数学模型背后的原理、统计学在数据分析中的应用、工程学在系统设计中的角色等跨学科综合性原理。跨学科的知识整合使学生能够突破单一学科视角的局限，从多个学科角度探索和理解人工智能技术的全貌。人工智能应用往往面临复杂而多样化的问题，这些问题往往涉及数据处理、算法选择、模型优化、系统集成等多个方面。

同时，跨学科学习培养了学生的复杂问题解决能力和技术创新能力，使他们能够从多学科的知识与方法中探索并找到最优解决方案，进而提升工作效率。因此，跨学科整合并非仅是知识的简单叠加，更重要的是它促进了创新思维的培养。在跨学科的学习中，学生得以接触并融合不同学科的思维模式与方法，这一过程极大地激发了他们的创新潜力。例如，计算机科学中的算法设计可能受到认知科学的深刻启发，而工程学的实践应用则可能受到心理学原理的积极影响。这种跨学科的交流与融合，正是思想碰撞与科技创新的源泉。

2.3.2.2 跨学科学习的实施策略与方法

跨学科学习的实施策略和方法包括跨学科课程设计与开发、跨学科项目实践、教师的跨学科协作与教学方法创新、国际化合作与交流等。

为了有效地实施跨学科学习，高校可以开设具有跨学科特点的人工智能课程。在课程内容上，除了传统的计算机科学、数学和统计学等课程外，还应引入与人工智能相关的其他学科知识，如哲学、心理学、社会学等，让学生能够从多个角度理解和应用人工智能技术。同时，可以设置一些跨学科的综合性课程，鼓励学生进行跨学科的学习和研究，培养他们的综合能力和创新思维。课程设计要考虑到不同学科的教学内容和学术要求，确保学生能够全面理解和应用相关知识。

此外，还应组织跨学科的项目实践活动，让学生在团队合作中应用跨学科知识解决实际问题。例如，积极开展跨学科的人工智能创新竞赛或者跨学科研究项目，在竞赛与研究中促进学生在实际操作中学习和应用跨学科技能，还可以通过跨学科教师团队的建立和教学方法的创新，提升跨学科学习的效果和质量。

跨学科学习也应该与国际化合作相结合。通过开展国际化的跨学科教育合作与交流，与国外高校建立联合课程或项目，进而引入国际先进理念。这种国际合作不仅能够极大地拓宽学生的国际视野，还能促进不同国家和地区之间教育资源和经验的共享，进一步推动全球范围内人工智能教育领域的创新与发展。

2.3.3 人工智能素养培育下的教师能力提升

在人工智能时代，教师的使命不仅仅是传授知识，更重要的是激发学生的创造力和创新精神。培养具备较高人工智能素养的人才，离不开建设具备高水平人工智能素养的教师队伍。

2.3.3.1 教师人工智能素养的提升与培训

目前全球已有越来越多的高校将人工智能纳入其课程体系，但具备足够人工智能知识和技能的教师数量远远难以满足高校对这类教师的需求，这一现状凸显了教师人工智能素养提升的紧迫性。同时，教师对自身专业水平的要求也在不断提升，需要不断更新自己的知识和教学方法，以应对学生的需求和教育领域的变革。一方面，高校应当积极引进具有人工智能背景的专业人才，充实教师队伍；另一方面，也需要为现有教师提供丰富多样的培训和学习机会，帮助他们更新知识、提升技能。

高校应当制订全面的培训计划，对学校或教育机构的教师群体进行需求分析，了解他们的现有知识水平和技能需求。基于这些分析结果，高校应精心规划一套全面的人工智能素养培训计划。通过多层次、多模块的课程设置，通过覆盖从人工智能基础知识到高级应用技能的各方面的教学内容，为教师们提供全面而深入的培训和学习机会。在这一过程中，教师们不仅可以学习到最新的人工智能技术，还可以了解如何将这些技术应用于实际教学中。例如，教师可以通过学习机器学习和数据分析的知识，开发出更加智能化的教学系统和评估工具，以提高教学质量和效率，为学生提供更加有趣、实用的学习内容。为了进一步提升培训效果，高校还应为教师们提供实时的指导和反思支持，如可以通过组织教学观摩活动、开展同行评议以及设立技术支持小组等多种形式来实现，确保教师们在教学过程中能够得到及时的反馈和专业的建议，从而不断调整和优化人工智能技术的应用策略。

除了技术层面的培训外，高校还应当注重培养教师的人文素养和创新能力。高校需要鼓励教师关注人工智能技术的社会影响和伦理问题，引导学生理性思考和正确看待这一技术。

2.3.3.2 跨学科教师团队的组建与合作

在人工智能素养培育的过程中，组建一个由不同学科背景教师构成的跨学科教师团队，能为学生提供更为全面、深入的人工智能知识。

在组建跨学科教师团队时，需要注重教师的专业背景和学术能力。同时，还需要考虑教师之间的合作意愿和沟通能力。一个优秀的跨学科教师团队，应该能够充分发挥每个成员的专业优势，通过合作与交流，共同解决教学中的问题，提高教学效果。

此外，为了促进跨学科教师团队的组建与合作，高校可以采取一系列措施。例如，设立跨学科研究项目，鼓励不同学科的教师共同参与；举办跨学科研讨会，为教师提供交流的平台；还可以建立跨学科教师合作机制，明确合作的目标和任务，确保合作的顺利进行。这些措施可以推动跨学科教师团队的组建与合作，为人工智能素养培育提供有力支持。

2.3.3.3 教师激励机制与评价体系的建设

在人工智能素养培育的过程中，教师队伍建设是至关重要的一环。为了激发教师参与人工智能教育的积极性，构建合理的教师激励机制与评价体系显得尤为重要。首先，明确教师人工智能素养的提升与培训在这一体系中的基础性地位。通过定期举办培训、研讨会和在线课程等形式，教师可以不断更新知识，提高自身教学能力。

在教师激励机制与评价体系的构建中，应着重关注教学质量的监控与持续改进，需通过整合学生评价、同行评审以及教学督导等多种评价机制，来全面且客观地衡量教师的教学效果。此外，高校需要结合数据分析技术，对教学过程进行实时监控和反馈，及时发现并解决问题。为了进一步提升评价的科学性和精准度，可以积极借鉴如学生教学质量评价(SEEQ)等成熟的教学质量评价模型，以提高评价的科学性和准确性。

在人工智能素养培育的过程中，教师激励机制与评价体系的建设同样需要激活教师的创造力，激发他们参与人工智能教育的热情。通过合理的激励机制和科学的评价体系，打造一支高素质、专业化的教师队伍，为人工智能素养培育提供有力保障。

2.3.4 学生人工智能认知思维的培育

随着人工智能技术的广泛应用和不断发展，教育的重点不仅是传授技术和知识，还应注重引导学生对人工智能应用的批判性思考并重点培养学生的伦理决策能力。

2.3.4.1 批判性思维的培养

批判性思维是指对信息进行深入分析、评估和推理的能力，能够独立思考、理性判断并做出合理的决策。在人工智能教育中，培养学生的批判性思维涉及多个方面：

一是信息评估和分析。学生需要学会评估从人工智能系统中产生的数据和结论的可靠性和有效性。引导学生分析人工智能算法的运行原理，理解其局限性和可能存在的偏差，从而能够对其应用进行审查和改进。

二是问题识别和解决。培养学生识别人工智能应用中可能存在的伦理、隐私和社会问题，例如数据隐私保护、算法偏见和社会不公平等问题。鼓励学生提出创新的解决方案，通过技术和政策手段来解决这些问题，促进社会的公平和可持续发展。

三是跨学科思维的应用。结合跨学科的知识和方法，培养学生在处理复杂人工智能伦理问题时的综合能力。例如学生可能需要了解到计算机科学、哲学、社会学以及法律等多学科知识，来综合考量人工智能技术对社会的影响和潜在风险。

最后，还应注重批判性思维在实践中的应用和反思。通过项目驱动的学习和案例分析，让学生在实际情境中应用批判性思维。引导学生反思其决策过程，包括如何权衡技术效率与伦理考量，以及如何在复杂环境中做出明智的选择。

2.3.4.2　伦理意识的树立

伦理意识是指对社会和道德问题的敏感性和责任感，特别是在涉及技术和人类生活的重大决策时。在人工智能教育中，培养学生的伦理意识不仅意味着教授人工智能技术，还要引导他们意识到技术应用可能带来的道德和社会影响。

培养伦理意识意味着学生应当重视伦理理论的学习。例如了解不同学派的伦理理论，如功利主义、权利伦理学、道德相对主义等，使其能够应对不同的伦理挑战和决策情境。要引导学生思考人工智能技术如何与这些理论相联系，从而加深对伦理问题的深入理解。

为了进一步提升学生应对伦理问题的实践能力，可以使用真实案例和情境，让学生分析和讨论人工智能应用中出现的伦理困境和冲突。例如，自动驾驶汽车的道德决策、医疗健康数据的隐私保护、人工智能在法律和司法系统中的使用等，都是学生可以探讨的具体案例。

此外，还可以进行伦理决策的训练，分析问题、权衡利弊、寻找折中方案和与利害相关者进行有效沟通，培养学生在面对伦理问题时做出良好决策的能力。鼓励学生进行伦理决策模拟和角色扮演，提升其在实际场景中应对伦理挑战的应变能力。

2.3.4.3 教育实践与跨学科的整合

在实践中，培养学生的批判性思维和伦理意识需要教育实践的支持和跨学科的整合。

可以开设结合人工智能技术与伦理学、法学、社会学等学科的跨学科课程，为学生提供全面的教育体验。例如，结合数据科学与伦理学的课程可以帮助学生理解数据隐私保护的重要性。

同时，还需要基于实验室和项目驱动的学习实践。设计实验室课程和项目，让学生通过实际操作和团队合作来探索人工智能技术的伦理和社会影响。提供具有挑战性和深度的项目，如伦理审查人工智能算法、设计可持续发展的人工智能应用等。

最后，应当注重行业和学术界的合作。促进学术界与行业的紧密合作，将最新的伦理理论和实际案例带入课堂教学。邀请行业专家参与课程讨论和项目评审，提供学生与实际应用场景互动的机会。

3. 人工智能素养评价研究

3.1 理论基础

在深入探讨人工智能素养评价研究之前，首先要确立相关的理论基础。本节内容将围绕现有的素养理论框架与相关理论模型两个核心要素开展，以更好地理解人工智能素养概念，并为确立人工智能素养评价指标体系打下基础。

3.1.1 理论框架

自信息素养概念提出以来，它已经成为全球范围内教育和社会发展的关键议题。随着信息技术的飞速发展和数字时代的全面到来，信息素养等素养能力的发展突破与传统图书馆相关的利用能力的边界，扩展到更为广泛的领域，如数字技能、数据理解、算法识别能力以及人工智能应用等。全球各地的教育机构、政府部门、非营利组织以及众多研究人员都在积极探讨和研究素养能力的发展，以适应技术环境的不断变化，提升不同公众群体的素养能力。

在这个过程中，不同国家与地区根据各自的文化背景、教育体系和社会需求，制定了各种类型的信息素养和数字素养框架。这些框架不仅为开展素养教育提供了指导性的原则和目标，也成为了素养评价指标体系研究中重要的理论参考。各种理论框架旨在促进包括学生、专业人士、普通公民等在内的不同群体，都能够在数字化世界中有效地获取、评估、使用和管理信息，提升数字能力。这些框架通常包含一系列核心能力，如批判性思维、信息搜索技巧、信息整合与分析能力、数字工具的使用、数据隐私和安全意识等不同维度的内容。同时，随着大数据技术与人工智能等技术的兴起，算法素养和数据素养也逐渐成为信息素养框架的重要组成部分，凸显了对数据的敏感度、算法的理解和应用能力。

信息素养和数字素养框架等理论框架的制订和实施，不仅有助于提高个体的信息处理能力，而且对于构建知识型社会、促进经济的可持续发展以及保障信息安全具有深远的影响。随着技术的不断进步，这些框架也在不断地更新和完善，以满足社会对高素质人才的需求。本节将从国外经验与国内实践两个视角出发，对现有的理论框架内容进行基础概括。

3.1.1.1 国外经验

在信息海量生产的时代，信息的产生、传播和获取方式等都发生了根本性的变化，这些新的变化也对人们的综合能力提出了新的要求。技术环境变化下素养评价体系的相关研究很多是以现有的信息能力或数字技能相关框架为基础进行量表的设计或指标体系的构造。

当前关于素养能力的理论框架已有百余种问世，由于各机构所处的立场不同，所以在概念的定义上并未达到完全的统一，但各种框架都试图在自己的文化与社会背景中回答"什么是信息素养""数字素养是什么""数字能力应该包含哪些内容"等关键问题，从丰富的角度去解构与素养相关的多维度内容。如世界经济论坛曾提出包含了数字认同、数字权利、数字素养、数字交流、数字情商、数字安全、数字风险、数字使用八个维度在内的数字智能框架，以帮助用户理解并使用数字能力（见图2）。

现有的相关理论框架更多是重点关注不同群体的信息素养与数字能力，其中部分理论框架见表5。使用比较广泛的比如美国图书馆协会（American Library Association，ALA）数字素养任务组（Digital Literacy Task Force）于2011年提出的五个数字素养的基本属性：（1）拥有技术和认知方面的多种技

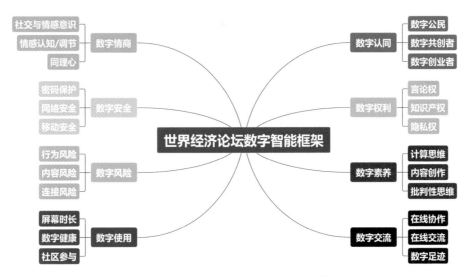

图 2 世界经济论坛数字智能框架①

能用以发现、理解、评估、创造和交流各种形式的数字信息;(2)能够正确而有效地使用不同的技术来检索信息,解释结果,并判断信息的质量;(3)理解技术、终身学习、个人隐私和信息管理之间的关系;(4)利用这些技能和适当的技术与同伴、同事、家人、公众进行沟通和协作;(5)利用这些技能积极参与公民社会活动,为社区作出贡献。② 同时 ALA 的数字素养任务组也提出了具有前瞻性的数字素养概念定义——数字素养是"利用信息和通信技术查找、评估、创建和传播信息的能力,需要具备认知与技术技能"。

---

① World Economic Forum. 8 Digital Skills We Must Teach Our Children［EB/OL］.（2024-08-03）［2024-08-25］. https://medium.com/world-economic-forum/8-digital-skills-we-must-teach-our-children-f37853d7221e.

② American Library Association Digital Literacy Taskforce. What is Digital Literacy ［EB/OL］.（2024-08-03）［2024-08-25］. https://alair.ala.org/server/api/core/bitstreams/6a42b84d-dbaf-4871-b2da-d60b51b21aef/content.

表 5　国外典型理论框架

时间	机构	框架/模型名称	国家/地区	框架类别
2005	欧盟（European Commission）	《终身学习的关键素养：欧洲参考框架》	欧盟	综合素养
2011	美国图书馆协会（American Library Association，ALA）	《数字素养的基本属性》	美国	数字素养
2011	英国国立与大学图书馆协会（Society of College，National and University Libraries,SCONUL）	《高等教育中的信息技能7项指标》	英国	信息素养
2013	欧盟（European Commission）	《欧盟公民数字胜任力框架（DigComp1.0）》	欧盟	数字素养
2013	威尔士信息素养项目组（Welsh Information Literacy Project，WILP）	《威尔士信息素养框架》	威尔士	信息素养
2015	美国大学和研究型图书馆协会（Association of College and Research Libraries，ACRL）	《高等教育信息素养框架》	美国	信息素养
2015	爱尔兰国家教学与学习论坛教学与学习增强基金（Teaching & Learning Enhancement Fund（2014）of Ireland's National Forum for the Enhancement of Teaching & Learning）	《爱尔兰数字技能框架》	爱尔兰	数字素养

续表

时间	机构	框架/模型名称	国家/地区	框架类别
2016	英国联合信息系统委员会（Joint Information Systems Committee，JISC）	《数字素养的七要素/数字能力框架》	英国	数字素养
2016	新媒体联盟（New Media Consortium，NMC）	《新媒体联盟模型》	国际	综合素养
2018	联合国教科文组织（UNESCO）	《全球数字素养框架（DLGF）》	联合国	数字素养
2022	欧盟（European Commission）	《欧盟公民数字胜任力框架（DigComp2.2）》	欧盟	数字素养
2024	加拿大研究图书馆协会（Canadian Association of Research Libraries，CARL）	《数字素养框架》	加拿大	数字素养

除了图书馆领域的专门机构外，其他机构如英国联合信息系统委员会（Joint Information Systems Committee，JISC）在 2016 年提出了包含媒介素养、信息素养、沟通与合作、职业和身份管理、ICT 素养、学习能力以及数字学术七个不同维度的数字素养七要素能力框架，① 希望能为学生数字素养能力的长期发展提供参考，以适应快速变化的数字世界与技术背景。

① Jisc. Quick Guide Developing Students' Digital Literacy ［EB/OL］.（2024-08-03）［2024-08-25］. https://digitalcapability.jiscinvolve.org/wp/files/2014/09/JISC_REPORT_Digital_Literacies_280714_PRINT.pdf.

自 2005 年发布《终身学习的关键素养：欧洲参考框架》以来①，欧盟一直在密切关注公民数字技能的提升，将数字素养列为公民需具备的八大关键技能之一。在该理念的基础之上，欧盟结合欧洲公民的实际情况，于2013 年发布了包含五个不同维度的《欧盟公民数字胜任力框架》(The European Digital Competence Framework for Citizens，DigComp)——维度 1 为框架确定的 5 大素养域；维度 2 为素养域下对应的 21 项具体能力；维度 3 是对具体能力熟练水平的划分与描述；维度 4 是围绕知识、技能和态度的示例；维度 5 为具体能力在学习、工作中的场景应用实例。② 之后，欧盟又在 DigComp1.0 的基础上持续更新并发布了 DigComp2.0(2016)、DigComp2.1(2017)和 DigComp2.2(2022)，添加了不同的评价维度，对知识、数字技术等内容进行了更新，提供了大量的实际案例，以期帮助欧洲公民更好地适应新的技术环境。

2018 年，联合国教科文组织以 DigComp2.0 中的五个数字素养能力领域为基础(信息和数据素养、沟通与协作、数字内容创作、安全、解决问题)，增加了设备、软件操作以及与职业相关的能力，并结合全球各地区的经济发展情况制定了《全球数字素养框架》(Digital Literacy Global Framework，DLGF)，为全球范围内不同区域公民数字素养能力的发展提供了重要参考。③

---

① European Union. Key Competences for Lifelong Learning European Reference Framework [EB/OL]. (2024-08-03) [2024-08-25]. https://www.britishcouncil.org/sites/default/files/youth-in-action-keycomp-en.pdf.

② European Commission. DIGCOMP：A Framework for Developing and Understanding Digital Competence in Europe [EB/OL]. (2024-08-03) [2024-08-25]. https://publications.jrc.ec.europa.eu/repository/handle/JRC83167.

③ UNESCO. A Global Framework of Reference on Digital Literacy Skills for Indicator 4.4.2 [EB/OL]. (2024-08-03) [2024-08-25]. https://unevoc.unesco.org/home/Digital + Competence+Frameworks/lang＝en/id＝4.

同时，也有部分理论框架将视角集中在高等教育领域，主要以高等教育中的大学生、教师为核心群体，以 ICT 素养、信息素养、数字素养、数据素养等能力为主题构建了包含不同维度的框架内容。比较典型的理论框架包括美国大学和研究型图书馆协会（Association of College and Research Libraries，ACRL）在 2015 年发布的《高等教育信息素养框架》，主要包含六个核心框架元素：权威的构建性与情境性、信息创建的过程性、信息的价值属性、探究式研究、对话式学术研究、战略探索式检索。① ACRL 也在之后持续推出与框架相关的使用说明、工具包等内容，以推进教师等教育主体对框架的运用。② 英国国立与大学图书馆协会（Society of College，National and University Libraries，SCONUL）也在 1998—2011 年推出并持续更新了《高等教育中的信息技能 7 项指标》以及《信息素养七支柱标准》，这些标准包含了识别信息的需求能力、辨别信息的能力、制订查找信息策略的能力、检索并获取信息的能力、比较和评价信息的能力、利用和交流信息的能力、以及信息的整合和创新的能力。③ 由爱尔兰国家教学与学习论坛的教学与学习增强基金资助的《爱尔兰数字技能框架》，该框架以建立高等教育中的数字技能为核心，设计了工具和技术、发现和使用、交流和协作、教与学、创造和创新、身份和健康六条不同的线路以促进高等教育中师生参与者数字能力的提升。

近年来，生成式 AI 等新兴技术的发展，深刻改变了人类与世界的互动方式，也在不断重塑人类对知识创造和问题解决的理解，因此各机构在各

① ACRL. Framework for Information Literacy for Higher Education［EB/OL］．（2024-08-03）［2024-08-25］．https://www.ala.org/acrl/standards/ilframework#frames.

② 黄如花，石乐怡，高天玥. 全民数字素养教育：全球图书馆界在行动［J］. 图书与情报，2024（03）：1-12.

③ SCONUL. Seven Pillars of Information Literacy［EB/OL］．（2024-08-03）［2024-08-25］．https://access.sconul.ac.uk/page/seven-pillars-of-information-literacy.

种理论框架的设计过程中越来越多地融入了 AI 应用、AI 思维等 AI 素养能力相关内容。如 JISC 在 2024 年发布的《个人数字能力框架》(Individual Digital Capabilities)①中的《构建数字化能力框架：定义六个要素》(*Building Digital Capabilities Framework：The Six Elements Defined*)报告中就强调了熟练使用生成式人工智能等 AI 工具对数字能力与生产力的重要作用②；加拿大研究图书馆协会(Canadian Association of Research Libraries，CARL)2024 年 4 月新发布的《数字素养框架》(Digital Literacy Framework)中也在"发现数字信息""了解数字信息的产生过程和价值""应用数字信息创造新知识""合乎道德地参与学习、工作和公民生活"四个维度当中，重点提及了 AI 工具使用能力、AI 意识、AI 伦理等内容，突出了当前技术背景下掌握 AI 相关能力对数字素养的核心价值。

3.1.1.2 国内实践

在理论框架方面，国内比较典型的代表是 2005 年清华大学图书馆与北京航空航天大学图书馆联合推出的《北京地区高校信息素养能力指标》，该指标针对北京地区的大学生，建立起一个区域性的信息素养评价框架，由 7 个一级指标、19 个二级指标、61 个三级指标构成，从信息的价值意识、辨别能力、获取能力、伦理道德等层面对大学生的信息素养能力进行衡量(见表 6)。③

①　Jisc. Individual Digital Capabilities ［EB/OL］.（2024-08-03）［2024-08-25］. https：//digitalcapability.jisc.ac.uk/what-is-digital-capability/individual-digital-capabilities/.

②　Jisc. Building Digital Capabilities Framework：the Six Elements Defined ［EB/OL］.（2024-08-03）［2024-08-25］. https：//repository. jisc. ac. uk/8846/1/2022 _ Jisc _ BDC _ Individual_Framework.pdf.

③　曾晓牧，孙平，王梦丽，等. 北京地区高校信息素质能力指标体系研究［J］. 大学图书馆学报，2006(03)：64-67.

除此之外,《高校大学生信息素养指标体系》(2008)、《(中国)台湾信息素养框架(草案)》(2009)、《香港学生信息素养框架》(2024)等相关框架理论①也为信息素养评价的研究与实践提供了重要参考。与此同时,国内的理论框架也在关注智能时代发展下 AI 技术对信息使用的影响,2024 年 6 月,香港个人资料私隐专员公署发布了《人工智能:个人资料保障模范框架》,强调了 AI 使用的原则与策略。② 但综合来看,目前国内信息素养理论框架内容的设计仍处于探索阶段。

表 6　国内信息素养理论框架

时间	机构	框架/模型名称	框架类别
2005	清华大学图书馆、北京航空航天大学图书馆	《北京地区高校信息素养能力指标》	信息素养
2005	中华人民共和国香港特别行政区政府教育局	《香港信息素养框架》	信息素养
2008	高校图书馆工作委员会信息素质教育工作组	《高校大学生信息素养指标体系》	信息素养
2009	资讯素养学会	《(中国)台湾信息素养框架(草案)》	信息素养
2023	中华人民共和国教育部	《教师数字素养》	数字素养
2024	中华人民共和国香港特别行政区政府教育局	《香港学生信息素养框架》	信息素养

① 罗艺杰,陈苗. 大中小学生信息素养衔接标准/框架案例研究[J]. 图书馆建设,2023(01):95-105、117.

② 香港个人资料私隐专员公署.《人工智能:个人资料保障模范框架》[EB/OL].(2024-08-03)[2024-08-30]. https://www.pcpd.org.hk/tc_chi/resources_centre/publications/files/ai_protection_framework.pdf.

3.1.2　理论模型

不同类型的理论被广泛应用到各种类别的素养评价研究当中，如与教师数字素养密切相关的 TPACK 量表①、素养评价中的重要理论多元智能模型②以及应用到数据素养评价研究中的数据生命周期理论模型等③。在进行人工智能素养评价指标体系开发中，本指南主要选择使用核心素养相关概念及 KSAVE 模型作为理论支撑的重要参考。

3.1.2.1　核心素养

核心素养是为应对信息时代个人发展、职业领域和社会活动方面所面临的新挑战而提出的新概念。经济合作与发展组织（OECD）在 1997 年首次提出了"核心素养"这一概念，旨在明确全球化快速发展的时代背景下，个体和社会要实现发展目标所必需的核心技能。2005 年，OECD 提出的框架将核心素养划分为三个维度，即"运用工具进行交流互动""多元化社会群体互动""自主性行动"三个维度，这三个维度相互联系、协同作用，共同构成核心素养的基石。④

在"运用工具进行交流互动"方面，重点在于熟练掌握各种社会文化工具，包括语言、信息、知识以及以计算机为代表的实体工具。掌握这些工

---

① 黄梅，刘国民. TPACK 理论视角下高职教师数字素养发展路径——以交通土建类专业为例［J］. 职业教育，2024，23（12）：39-44.

② 林韶芸. 基于化学核心素养初中化学预习活动设计方式研究［D］. 广西师范大学，2018.

③ 齐乾坤，王文龙. 基于数据生命周期的高校研究生数据素养评价研究［J］. 情报科学，2021，39（09）：125-130、145.

④ 师曼，刘晟，刘霞，等. 21 世纪核心素养的框架及要素研究［J］. 华东师范大学学报（教育科学版），2016，34（03）：29-37、115.

具不仅意味着具备基本的使用能力，如阅读文本、操作软件等，更重要的是深刻理解这些工具与外部世界的交互方式，并基于这种理解，运用它们进行创新和创造，以达成更广泛的目标。这一过程不仅提升了交流互动的效率和深度，也展现了个体运用工具的智慧与创造力。

在"多元化社会群体互动"方面，资本在建立与维护社会关系层面显得尤为重要，例如与跨越文化背景的联络、形成个人的人际网络等。在现代社会中，个体不可避免地与他人产生交往，这种交往不仅有助于拓宽对世界的认知、深化自我了解，个体也在此过程中累积了社会资本，通过资源的互惠互换，个体能够进一步拓展其影响力，实现更为广泛的社会参与和合作。

在"自主性行动"方面，个体应深入理解其所在社会、环境以及自我实现目标，从而对个人生活进行有效控制和管理，积极参与社会活动并发挥其独特作用。与以往的社会形态形成鲜明对比，现代社会为个体提供了前所未有的成长空间和机遇。在这一背景下，个体需要明确自身在社会中的定位，通过切实行动将个人需求和愿望转化为现实成果，这一过程不仅有助于实现个人的发展目标，同时也有助于促进社会的整体发展。

通过探讨核心素养理论的三个基本组成部分，可以发现核心素养强调人、工具与社会之间的有机互动。人是社会中的人，个体的生存和发展依赖于社会环境提供的资源和支持，个体通过使用工具来感知和探索世界。社会是人组成的社会，其发展需要个体的贡献来推动。工具则是个人在改造社会过程中所需的技术手段，工具的使用和进步不仅塑造了个体对社会的认识，也推动了人类社会的变迁和进步。随着社会的发展与进步，个人需要掌握的能力类型也在不断发生变化，其中 21 世纪应掌握的能力类型，如图 3 所示。人工智能作为一种具有巨大发展潜力的技术工具，对个人和社会的发展都具有深远的影响。

综上所述，核心素养理论为人工智能素养的界定和阐明提供了重要的视角，为人工智能素养的研究提供了坚实的理论基础。2023 年 OECD 发布的报告《创新评估以测量与支持复杂能力》(*Innovating Assessments to Measure and Support Complex Skills*)中强调当下用户应掌握的能力具有多维性的特点，包括了对于新兴技术的学习与探索，进一步拓展了核心素养的概念内容。人工智能素养同样具有领域特定性和领域一般性的双重特性，属于核心素养的范畴。在应用层面，人工智能的基本素养应体现所谓的"核心素养"——适应具体环境的综合性认识、能力及态度。随着人工智能技术与运用环境的持续演进，这种素养也需要与时俱进，吸收新技术、新知识，不断适应社会的需求变动。因此，核心素养和人工智能的素养紧密相连，具有同质性，彼此间的关系是相辅相成，不断演进的。

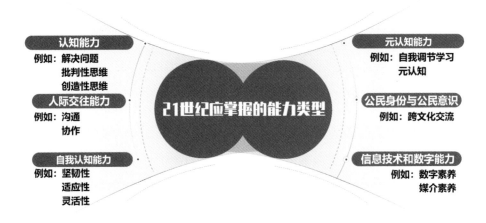

图 3 21世纪应掌握的能力类型

3.1.2.2 KSAVE 模型

KSAVE 模型是当前人工智能素养评价工具构建中的重要理论。21 世纪技能教学与评价项目(ATC21S)是由澳大利亚、美国等六个国家共同参与的协作项目,旨在明确并评价21世纪所需要的关键技能。在对欧盟的核心素养、澳大利亚墨尔本宣言等12个相关文件进行深入分析后,该项目从思维方式、使用工具、工作方式、生活方式等四个维度出发,提出了需要培养的10项能力指标(见表7)。①

表7 ATC21S 21世纪10项技能

思维方式	工作方式	使用工具	生活方式
创造力与创新	交流	信息素养	公民(本地公民和全球公民)
批判性思维	合作(协同工作)	信息通信技术(ICT)素养	生活和职业
学会学习			个人责任和社会责任(包括文化的意识和素养)

此后,根据筛选出的10项技能,ATC21S项目组构建了KSAVE模型。KSAVE是以下五个方面的缩写:

(1)知识(Knowledge):涵盖了各种学科知识和理解,以及对信息的处理和运用能力。

(2)技能(Skills):包括沟通、协作、技术运用、问题解决和创造性思维等实践技能。

(3)态度(Attitudes):涉及个人态度、社会行为和情感智慧,如开放性、适应性、责任感等。

(4)价值观(Values):指个人的价值观和社会责任感,包括尊重多样

---

① Assessment and Teaching of 21st Century Skills:Methods and Approach[M]. Springer,2014.

性、可持续发展和伦理道德等。

（5）道德（Ethics）：强调道德和伦理行为，包括诚信、公正和责任感。

KSAVE 模型建立了一个全面的框架，用于评估和培养 21 世纪学习和工作中所需的关键能力。它强调了知识、技能、态度、价值观和道德观念的综合发展，展现出与 10 项技能的每一项相关的行为和禀赋，旨在帮助学生适应快速变化的社会和职业环境。

由于 KSAVE 模型不仅强调了行为方式上对知识、技能的要求，更强调了在新时代公民所需的态度、价值观和伦理要求，这将为人工智能时代构建人工智能素养评价指标提供理论支撑。KSAVE 模型强调用户不仅需要有效地使用技术，还需在应用过程中做出负责任的决策，并始终保持对技术的正确态度和价值观。因此，在关于人工智能素养评价指标的构建中，不仅要衡量高等教育中用户对于人工智能素养的技能、知识的掌握，也更要重点考查评价对象在道德伦理层面应具备的能力。

3.2 发展脉络

在这个信息爆炸和数字化高度渗透的时代，个体的素养评价体系也在经历着深刻的变革。信息素养、数字素养、数据素养、算法素养以及人工智能素养，这些概念已经成为衡量用户是否适应技术社会的重要指标。

评价目标群体素养能力的方法一般有三种：一是直接应用如 ACRL、JISC 等机构发布的素养评价量表进行素养能力的评价；二是对之前研究者或是机构较为成熟的评价体系进行符合自己需求的改进，在前人研究的基础上构建量表；三是采用访谈、问卷、文献调研、德尔菲法等方法，结合对目标素养能力的理解，构建新的素养评价指标体系。本节将会以技术环境变化下素养评价体系的演进为主要脉络，叙述不同阶段素养评价研究的相关内容，对当前人工智能素养评价研究进行综述，并重点关注高等教育人工智能素养评价体系与工具的相关研究，以期为高等教育领域中人工智能素养的培养和评价提供理论支持。

3.2.1 信息素养评价研究

自信息素养这一概念问世以来，学术界和实践领域对这一议题进行了广泛而深入的探讨，积累了丰富的研究成果。信息素养评价作为衡量个体在信息社会中生存和发展能力的重要指标，已经成为教育领域、图书情报领域、传播学领域等多个学科长期关注的焦点。

信息素养评价研究涵盖了理论框架的构建、评价工具的开发，以及评价方法的创新等多个方面。现有研究致力于明确信息素养的内涵和维度，构建了多种评价模型，如传统的信息素养三角形模型①，以及更为复杂的多维信息素养框架②。这些模型不仅包括了信息的检索、评估、管理和利用等基本技能，还扩展到了信息伦理、信息安全、信息通信技术应用等更为广泛的应用领域。

在具体评价工具的开发上，研究者们设计了多种量表和测试用来评估不同群体的信息素养水平。相关工具经过信效度检验后，被广泛应用于教育评估③、员工培训④、政策制订⑤等场景之中。同时，评价方法也在不断创新，从最初的纸笔测试发展到在线评估、模拟情境评估以及基于游戏的评估等多种形式，以适应不同评价目的和对象的需求。⑥ 此外，信息素养评价研究还关注评价结果的应用——如何根据评价结果进行教学干预、课程设计、信息素养教育政策的制订等。研究者们探讨了评价结果对提升个体信息素养、优化信息教育实践以及推动社会信息能力整体提

① Eisenberg M B, Berkowitz R E. Information Problem Solving: The Big Six Skills Approach To Library & Information Skills Instruction[M]. Ablex Publishing Corporation, 355 Chestnut St., Norwood, NJ 07648, 1990.

② Kuhlthau C C. Seeking Meaning: A Process Approach to Library and Information Services[M]. Westport, CT: Libraries Unlimited, 2004.

③ Abdullah S, Ahmad Kassim N, Mohd Saad M S, et al. Developing Information Literacy Measures for Higher Education[J]. Abdullah Szaring, 2006.

④ Ahmad F, Widén G, Huvila I. The Impact of Workplace Information Literacy on Organizational Innovation: An Empirical Study [J]. International Journal of Information Management, 2020, 51: 102041.

⑤ Head A J, Eisenberg M B. What Today's College Students Say about Conducting Research in the Digital Age[J]. Project Information Literacy Progress Report, 2009, 4(7).

⑥ Adam-Turner N. Digital Literacy Adoption with Academic Technology Namely Digital Information Literacy to Enhance Student Learning Outcomes? [C]//Society for Information Technology & Teacher Education International Conference. Association for the Advancement of Computing in Education (AACE), 2016: 1666-1672.

升等层面的作用。除此之外信息素养相关概念如健康信息素养①、媒体和信息素养评价②等相关测量工具的研究也在不断开展中。

随着信息技术的不断发展，信息素养评价研究也在不断适应新的技术环境，如大数据、人工智能等新兴技术对信息素养内涵的影响，以及如何在评价过程中融入这些新技术的应用。③ 这些研究不仅为信息素养教育提供了科学依据，也为信息社会中个体能力的提升和社会发展作出了重要贡献。

3.2.2 数字素养评价研究

数字素养一直是技术环境发展中被关注的核心议题，数字素养的概念框架经历了从基础的计算机操作技能到包括信息检索、分析、创新和传播等综合能力的演变。数字素养的概念框架、影响因素、技能发展、公民教育等都是领域内被长期关注的研究内容，数字素养的评价研究也是领域内的重点内容之一。

一部分评价研究是以 DigComp、DLGF 等现有框架为基础设计数字素养评价指标，如有研究以 DigComp2.0 为基础，添加了高等教育中的相关元素，制订数字素养评价指标④；一部分则是以研究对数字素养的理解为切

① 史颖超. 基于突发公共卫生事件的公众健康信息素养评价指标体系构建研究[D]. 黑龙江大学，2022.

② Schofield D, Kupiainen R, Frantzen V, et al. Show or tell? A Systematic Review of Media and Information Literacy Measurements[J]. The Journal of Media Literacy Education, 2023, 15(2): 124-138.

③ Fraillon J, Ainley J, Schulz W, et al. Preparing for Life in A Digital World: IEA International Computer and Information Literacy Study 2018 International Report[M]. Springer Nature, 2020.

④ Monteiro A, Leite C. Alfabetizaciones Digitales En La Educación Superior: Habilidades, Usos, Oportunidades y Obstáculos Para La Transformación Digital[J]. Revista De Educación a Distancia (RED), 2020, 21(65): 1-20.

入点，通过实证调研构建评价指标，如以捷克两个高等教育机构中 1233 名大学生为研究对象，从高等教育中的学业课程与学习情况入手构建指标①。除了高等教育领域外②，数字素养的评价研究领域还广泛关注教师③、老年群体④、公民⑤等多种群体。

通过对数字素养评价研究的深入探索，研究者与学校、政府、教师等教育主体能够更准确地把握数字素养的教育效果，识别问题和不足，从而为教育实践提供改进方向，为政策制定提供数据支持，共同推动构建一个更加包容、平等、安全的数字社会。在数字素养评价体系的构建过程中，以人工智能为代表的新技术也对数字素养能力发展产生了重要的影响⑥，促使数字素养领域的研究者与教育者更新对于数字素养能力的认知与教育模式。

3.2.3　数据素养评价研究

当前数据素养能力评价方面的研究已经有了比较充实的积累，相关研

① Krelová K K, Berková K, Krpálek P, et al. Attitudes of Czech College Students Toward Digital Literacy and Their Technical Aids in Times of COVID-19 [J]. Int. J. Eng. Pedagog., 2021, 11(4): 130-147.

② Spante M, Hashemi S S, Lundin M, et al. Digital Competence and Digital Literacy in Higher Education Research: Systematic Review of Concept Use [J]. Cogent education, 2018, 5(1): 1519143.

③ Nguyen L A T, Habók A. Tools for Assessing Teacher Digital Literacy: A Review [J]. Journal of Computers in Education, 2024, 11(1): 305-346.

④ Oh S S, Kim K A, Kim M, et al. Measurement of Digital Literacy among Older Adults: Systematic Review [J]. Journal of Medical Internet Research, 2021, 23(2): e26145.

⑤ 胡俊平，曹金，李红林，等. 全民数字素养与技能评价指标体系构建研究 [J]. 科普研究，2022，17(06): 25-31、41、109.

⑥ 刘邦奇，尹欢欢. 人工智能赋能教师数字素养提升：策略、场景与评价反馈机制 [J]. 现代教育技术，2024，34(07): 23-31.

究已经颇具成效。秦小燕的"科学数据素养能力指标体系"是其主要代表之一，该研究以大数据时代为背景，结合科学研究人员工作中的实际需求，使用专家评议等方法构建了一套完整的、适应我国国情的数据素养能力指标体系。① 该体系以科研人员为核心群体，为开展科研人员素养能力的评价提供了一套科学专业的理论框架。②

除此之外，针对高校师生的数据素养指标评价及体系构建的早期研究也颇具代表性。这些研究以文献调研为基础，从数据素养的内涵中提炼数据的意识、获取能力、处理分析能力、交流能力、评价能力、伦理道德等要素作为指标体系构建的基础，③ 也有学者从文献调研的结果当中提炼出信息、信息技术、信息环境三个评价的主要维度，创新性地使用 BP 神经网络（Back Propagation）机器学习的方法去构建能力评价指标的研究。④ 此外，面向特定学科领域与专业的研究在能力评价研究当中也较为常见。⑤⑥ 指标内容在文献当中一般是依据文献调研、专家访谈等方法形成由一级指标以及其下细分形成的二级指标所构成的指标体系。指标体系构建的主要目的是为研究对象数据素养的进步提供科学依据与指导建议，在实践的过程当中提供理论与实证层面的有效保障。

---

① 秦小燕. 科学数据素养能力指标体系建设［M］. 北京：国家图书馆出版社，2020.

② 秦小燕，初景利. 科学数据素养能力评价指标体系构建研究［J］. 图书与情报，2020(04)：56-66.

③ 隆茜. 数据素养能力指标体系构建及高校师生数据素养能力现状调查与分析［J］. 图书馆，2015(12)：51-56，62.

④ 马腾，孙玲. 信息生态视域下高校大学生数据素养评价研究［J］. 情报科学，2019，37(08)：120-126.

⑤ 钱瑛，徐绪堪，朱昌平，等. 面向图书情报专业硕士的数据素养能力评价指标体系构建［J］. 情报理论与实践，2022，45(10)：62-68.

⑥ 徐绪堪，薛梦瑶. 面向大数据管理与应用专业的数据素养能力评价指标体系构建［J］. 情报理论与实践，2021，44(09)：50-56.

基于上述内容可知，现有数据素养指标体系构建的相关研究基本以契合学科的数据需求为主要目标来开展能力评价的研究工作，研究与实践相结合，对图书馆或相关机构的用户进行教育培训，提升用户的数据素养能力。

3.2.4 算法素养评价研究

随着个性化推荐系统、搜索引擎结果优化、社交媒体信息流等算法应用的日益普及，人们在日常生活中越来越频繁地接触算法筛选和分发的信息。这种新的技术变化对互联网使用者的算法素养能力从思维、态度、知识等多个方面提出了更高的要求。在这种背景之下，算法素养评价与测量工具的开发与应用也受到了一定的关注。

当前已有从不同视角和多个维度构建的各种算法素养评价工具，但现有评价工具与量表大多存在局限性。① 例如，有的量表以互联网用户算法素养中的算法知识与算法意识进行量表的设计，维度较为局限;② 或是只考虑了某些特定网站(如 Facebook)的算法操作;③ 再或是以信息检索等较为单一的算法内容作为指标来衡量用户算法知识的差异性。④ 近年来，随着研究者对算法素养概念认识的深入以及对各平台算法技术使用能力的进

① 张涛，汪颖，马海群，等. 数智环境下社交媒体用户算法素养评价指标体系构建研究[J]. 情报理论与实践，2024，47(02)：29-35.

② Dogruel L, Masur P, Joeckel S. Development and Validation of An Algorithm Literacy Scale for Internet Users[J]. Communication Methods and Measures, 2022, 16(2): 115-133.

③ Bucher T. The Algorithmic Imaginary: Exploring the Ordinary Affects of Facebook Algorithms[M]//The social power of algorithms. Routledge, 2019: 30-44.

④ Cotter K, Reisdorf B C. Algorithmic Knowledge Gaps: A New Horizon of (Digital) Inequality[J]. International Journal of Communication, 2020, 14: 21.

步，一些更加完整的算法素养评价指标和量表逐渐出现。例如，包含内容过滤、自动推荐、人机交互和算法伦理四个维度在内的算法媒体内容认知量表(AMCA-scale)，已在 Netflix、Facebook 和 YouTube 三个不同类型的平台上进行了测试，能够有效地衡量算法素养能力。① 国内也有学者针对青年网民②、高校学生③、社交媒体用户④等不同群体开发了算法素养评价指标体系，以更好地认识其算法能力。

随着生成式人工智能等新人工智能工具的兴起，算法素养的能力评价当中也逐渐融入了 AI 相关的素养能力，技术环境的变化对用户的个人素养有了更多新的要求。⑤ 总体来看，素养评价工具的开发和应用是一个不断发展和完善的过程。随着技术的演进和研究的深入，未来可能会出现更加全面的评价工具，以帮助用户更好地理解和提升算法素养能力。

① Zarouali B，Boerman S C，de Vreese C H. Is This Recommended by An Algorithm? The Development and Validation of the Algorithmic Media Content Awareness Scale (AMCA-scale)[J]. Telematics and Informatics，2021，62：101607.

② 肖恬. 人工智能时代青年网民算法素养评价研究[D]. 暨南大学，2019.

③ 邓胜利，许家辉，夏苏迪. 数字环境下大学生算法素养评价体系及实证研究[J]. 图书情报工作，2023，67(02)：23-32.

④ 张涛，汪颖，马海群，等. 数智环境下社交媒体用户算法素养评价指标体系构建研究[J]. 情报理论与实践，2024，47(02)：29-35.

⑤ Shin D，Rasul A，Fotiadis A. Why am I Seeing This? Deconstructing Algorithm Literacy Through the Lens of Users[J]. Internet Research，2022，32(4)：1214-1234.

3.3 研究现状

在信息时代，人工智能已成为推动社会进步和经济发展的关键技术之一，人工智能技术正在以前所未有的速度和规模改变人类的生活和工作方式。随着相关技术的日益普及，在高等教育领域，提升对人工智能的认识、理解和应用等方面的能力变得至关重要，如何对这种能力进行评价也逐渐成为领域内的研究重点。本节旨在探讨当前人工智能素养评价研究的现状，从不同群体的人工智能素养评价研究入手，重点关注高等教育领域相关的研究现状，为本指南的评价指标体系设计提供内容与方法参考。

3.3.1 多群体人工智能素养评价研究

在人工智能素养概念框架相关研究讨论的基础之上，如何对人工智能素养进行能力评估、开发素养能力评估的标准与工具也成为人工智能素养领域的研究重点。如基于探索性因素分析开发的用于测试个人及群体的人工智能素养能力的面向非技术学习者的"非专家的人工智能素养能力评估量表"（Scale for the Assessment of Non-experts' AI Literacy，SNAIL）；① 以意识、使用、评估、伦理四个维度为基础建构的人工智能素养能力测量模型；②

① Laupichler M C, Aster A, Haverkamp N, et al. Development of the Scale for the Assessment of Non-experts' AI Literacy－An Exploratory Factor Analysis［J］. Computers in Human Behavior Reports，2023，12：100338.

② Wang B, Rau P L P, Yuan T. Measuring User Competence in Using Artificial Intelligence：Validity and Reliability of Artificial Intelligence Literacy Scale［J］. Behaviour & Information Technology，2023，42(9)：1324-1337.

包括测量使用人工智能、理解人工智能、检测人工智能伦理、独立使用人工智能解决问题、独立管理人工智能等能力在内的"元人工智能素养量表"（Meta AI Literacy Scale，MAILS）①等。这些对人工智能素养进行测量与评估的工具已经开始应用在实证研究当中，以帮助进行人工智能素养相关课程的设计与教学效果的检测。②

对特定人群，尤其是儿童③、中学生④、教师⑤等 K-12 教育阶段参与者人工智能素养能力的相关研究也是领域内关注的重点内容。人工智能技术在社会发展过程中更加普遍化与日常化，在 K-12 教育阶段引入计算机科学领域衍生出的人工智能素养培养相关内容是当下教育模式变化的必要需求，也是学校基础教育的拓展。当前，面向 K-12 阶段人工智能素养教育的研究者们不断探索、验证有效的教育方法与策略，⑥ 希望能够为这些群体提供更系统、更可操作的人工智能素养培养路径，主要包括整体的教育方法设计⑦、详

① Carolus A，Koch M，Straka S，et al. MAILS—Meta AI Literacy Scale：Development and Testing of an AI Literacy Questionnaire Based on Well-Founded Competency Models and Psychological Change and Meta Competencies［J］. arXiv preprint arXiv：2302.09319，2023.

② Dai Y，Chai C S，Lin P Y，et al. Promoting Students' Well-being by Developing Their Readiness for the Artificial Intelligence Age［J］. Sustainability，2020，12（16）：6597.

③ Kim S W，Lee Y. The Artificial Intelligence Literacy Scale for Middle School Students［J］. Stud. J. Korea Soc. Comput. Inf，2022，27（3）：225-238.

④ Zhang H，Lee I，Ali S，et al. Integrating Ethics and Career Futures with Technical Learning to Promote AI Literacy for Middle School Students：An Exploratory Study［J］. International Journal of Artificial Intelligence in Education，2023，33（2）：290-324.

⑤ 丁世强，马潇，魏拥军. 中小学人工智能教师专业素养框架研究［J］. 电化教育研究，2023，44（06）：120-128.

⑥ Casal-Otero L，Catala A，Fernández-Morante C，et al. AI Literacy in K-12：A Systematic Literature Review［J］. International Journal of STEM Education，2023，10（1）：29.

⑦ Chiu T K F. A Holistic Approach to the Design of Artificial Intelligence（AI）Education for K-12 Schools［J］. TechTrends，2021，65（5）：796-807.

细的课程设计与教学方法探索①等，以期能够在未来开发出更全面且更符合实际需求的人工智能素养教育方案。有关人工智能素养评价工具的部分研究示例见表8。

表8　人工智能素养评价工具示例

时间	作者	名称	方法	目标群体	题项	评价维度
2022	Wang 等	人工智能素养量表（Artificial Intelligence Literacy Scale, AILS）	问卷调查；专家咨询	公民	12 个	人工智能意识；人工智能能力；人工智能评价；人工智能伦理等
2023	Laupichler 等	非专家的人工智能素养能力评估量表（Scale for the Assessment of Nonexperts' AI Literacy, SNAIL）	德尔菲法	非专家群体	38 个	单因子
2023	Hornberger 等	人工智能素养测量（AI Literacy Test）	问卷调查；专家咨询	高校学生	31 个	单因子
2023	Carolus 等	元人工智能素养量表（Meta AI Literacy Scale, MAILS）	问卷调查	成年人	34 个	测量使用人工智能；理解人工智能；检测人工智能伦理；独立使用人工智能解决问题等

① Wang H, Liu Y, Han Z, et al. Extension of Media Literacy from the Perspective of Artificial Intelligence and Implementation Strategies of Artificial Intelligence Courses in Junior High Schools [C]//2020 International Conference on Artificial Intelligence and Education (ICAIE). IEEE, 2020：63-66.

续表

时间	作者	名称	方法	目标群体	题项	评价维度
2024	Davy Tsz Kit Ng 等	人工智能素养问卷（Questionnaire on AI literacy，AILQ）	问卷调查；专家咨询	中学生	60 个	人工智能态度；人工智能行为；人工智能认知；人工智能伦理等

3.3.2 高等教育人工智能素养评价研究

围绕高等教育领域人工智能素养的评价研究目前主要以大学生群体为主要对象。部分研究从宏观出发，构建评价工具对大学生的人工智能素养进行评价。如有研究从人工智能认知、跨学科理解、人工智能决策、人工智能伦理等 16 个指标维度对德国六所大学中七个不同大类专业的学生进行了人工智能素养的测量。[1] 也有研究以具体的人工智能工具为例，在实践过程中开展人工智能素养能力评价，如有研究以 ChatGPT 为具体的 AI 工具，从技术能力、批判性评价、沟通能力、创造性应用、道德能力五个方面评估大学生使用 ChatGPT 的实际能力。[2] 当前，开发面向大学生的人工智能素养评价工具的主要目的是支持未来面向大学生的人工智能素养教育

---

[1] Hornberger M，Bewersdorff A，Nerdel C. What do University Students Know About Artificial Intelligence? Development and Validation of An AI Literacy Test[J]. Computers and Education：Artificial Intelligence，2023，5：100165.

[2] Lee S，Park G. Development and Validation of ChatGPT Literacy Scale[J]. Current Psychology，2024：1-13.

体系的设计，开发出更加符合学生需求以及未来技术发展环境的课程模式与教学方法。

　　同时，面向高等教育教师的素养评价研究相对来说比较缺乏。现有研究对医学院的师生进行了人工智能素养的测评，重点关注了医学生与医学院教师对人工智能技术的态度与了解程度。调研结果显示，大部分医学领域的教育者对人工智能技术相对陌生，未来应重点建设具有人工智能技术使用能力的医学教育团队；① 也有研究以具有广泛意义的教师群体为研究对象，开发了智能 TPACK 量表(Intelligent TPACK Scale)，测量教师的人工智能技能、知识、伦理等人工智能素养内容。② 总体而言，在教师的人工智能素养评价领域，面向 K-12 阶段教师的人工智能素养评价评估工具的开放发展仍然是现在的关注重点③④，高等教育领域教师的人工智能素养评价仍显欠缺。

　　综合来看，当前高等教育领域在人工智能素养评价方面尚处于探索阶段。近年来，国内学者开始以高校学生群体为研究对象开展人工智能素养评价的相关研究⑤⑥，但暂时缺乏面向高等教育领域全面、具体的人工智能

①　Wood E A, Ange B L, Miller D D. Are We Ready to Integrate Artificial Intelligence Literacy into Medical School Curriculum: Students and Faculty Survey[J]. Journal of Medical Education and Curricular Development, 2021, 8: 238212052211024078.

②　Celik I. Towards Intelligent-TPACK: An Empirical Study on Teachers' Professional Knowledge to Ethically Integrate Artificial Intelligence (AI)-based Tools into Education[J]. Computers in Human Behavior, 2023, 138: 107468.

③　Zhao L, Wu X, Luo H. Developing AI Literacy for Primary and Middle School Teachers in China: Based on A Structural Equation Modeling Analysis[J]. Sustainability, 2022, 14(21): 14549.

④　Kim S, Jang Y, Choi S, et al. Analyzing Teacher Competency with TPACK for K-12 AI Education[J]. KI-Künstliche Intelligenz, 2021, 35(2): 139-151.

⑤　李楠, 刘申奥, 吉久明. 连续统视域下高校学生智能素养评价体系构建[J/OL]. 情报理论与实践, 2024,13[2024-08-12]. http://kns.cnki.net/kcms/detail/11.1762.G3.20240812.1042.002.html.

⑥　苏文成, 郭浩然, 卢章平, 等. 我国高校学生群体人工智能素养评价指标体系构建及实效性验证[J/OL]. 图书馆建设, 2024,25[2024-06-25]. http://kns.cnki.net/kcms/detail/23.1331.G2.20240624.1801.004.html.

素养评价指标体系。现有的研究内容已经对人工智能素养的评价工具或评估体系进行了初步的探讨，但这些研究往往局限于特定的技术领域或应用场景，缺乏一个宏观的视角和系统化的框架。为了适应人工智能技术的快速发展和广泛应用，高等教育机构亟需构建一个综合性的评价体系，以全面评估和提升高等教育领域高校学生与高校教师的人工智能素养能力。

3.4 面向高等教育的人工智能素养评价 指标体系参考内容

为确保面向高等教育人工智能素养评价指标体系构建的科学性与合理性，本研究采用了文献研究法，通过系统梳理国内外人工智能领域专家学者的观点，探讨人工智能素养的基本构成要素，为人工智能素养评价指标体系的构建奠定理论基础。

3.4.1 国内外人工智能素养框架

Kandlhofer 等学者在 2016 年首次明确了人工智能素养的七个核心主题，包括自动机、智能代理、图形与数据结构、排序、通过搜索解决难题、经典规划和机器学习。[①] Kim 构建的人工智能素养模型包含"AI 知识、AI 技能、AI 态度"三个维度，其中"AI 知识"涉及人工智能的基本概念和原理，"AI 技能"是指用户在运用人工智能技术时所需的计算思维能力，"AI 态度"是指用户对人工智能技术社会影响进行批判性思考，以及对人类与人工智能之间关系的正确认识。[②] 艾伦从"人与工具""人与自己""人与社会"三个层面，提出了人工智能课程的核心素养。这三个层面分别反映了在智能

---

① Kandlhofer M, G Steinbauer, S Hirschmugl-Gaisch, et al. Artificial Intelligence and Computer Science in Education: From Kindergarten to University [C]//2016 IEEE Frontiers in Education Conference (FIE). IEEE, 2016.

② Kim S, Jang Y, Kim W, et al. Why and What to Teach: AI Curriculum for Elementary School[C]//Proceedings of the AAAI Conference on Artificial Intelligence, 2021, 35(17), 15569-15576.

化社会中，人类如何调整与新型工具的关系、如何重新定义与自我的关系，以及如何应对新的社会关系。① Kong 和 Zhang 提出的框架同样也包括三个维度：智能认知、智能情感和社会文化。智能认知维度涉及人工智能概念的发展；智能情感维度旨在提高参与者自信地参与更广泛的数字社会的能力；社会文化维度涉及人工智能技术的伦理问题。②

　　国内也有学者关注 AI 素养框架研究。汪明将智能素养划分为智能知识、智能能力、智能情意和智能伦理四个维度。③ 王奕俊等人则提出，人工智能素养应包括人工智能知识、人工智能技能、人工智能意识、人工智能伦理和人工智能思维五个维度。④ 张银荣等人设计了人工智能素养框架，包含 AI 知识、AI 能力、AI 伦理，三者之间是相互联系、相互依存的关系。⑤ 蔡迎春等人借鉴了数字素养评价 KSAVE 模型框架，构建了人工智能素养框架，覆盖了知识、技能、态度、伦理、价值观五个关键领域。⑥

　　国内外学者对人工智能素养框架核心维度的界定大同小异，以 AI 知识、AI 技能或 AI 能力、AI 伦理为核心共识，在三大核心维度外根据侧重点不同，加入 AI 态度或 AI 价值观、AI 认知、AI 情感等。不同侧重点也体

　　① 艾伦. 做智能化社会的合格公民——探讨智能化时代人工智能教育的核心素养[J]. 中国现代教育装备，2018(08)：1-14.

　　② Kong S C, Cheung W M Y, Zhang G. Evaluating An Artificial Intelligence Literacy Programme for Develop University Students' Conceptual Understanding, Literacy, Empowerment and Ethical Awareness[J]. Educational Technology & Society, 2023, 26(1)：16-30.

　　③ 汪明. 基于核心素养的学生智能素养构建及其培育[J]. 当代教育科学，2018(02)：83-85.

　　④ 王奕俊，王英美，杨悠然. 高等院校人工智能素养教育的内容体系与发展理路[J]. 黑龙江高教研究，2022，40(02)：26-31.

　　⑤ 张银荣，杨刚，徐佳艳，等. 人工智能素养模型构建及其实施路径[J]. 现代教育技术，2022，32(03)：42-50.

　　⑥ 蔡迎春，张静蓓，虞晨琳，等. 数智时代的人工智能素养：内涵、框架与实施路径[J]. 中国图书馆学报，2024，50(04)：71-84.

现了框架提出者对人工智能素养概念拆解的不同视角。

3.4.2 人工智能素养构成要素

经过对相关文献的详细梳理与研究，本文归纳了国内外目前对于人工智能素养构成核心要素的观点(见表9)，通过对不同观点的整理与比较，全面了解人工智能素养的基本构成要素，为后续的研究提供了理论基础和参考依据。

表9 人工智能素养的基本构成要素

序号	提出者	年份	构成要素	特定人群
1	Kandlhofer 等①	2016	自动机、智能代理、图形和数据结构、排序、通过搜索解决难题、经典规划和机器学习	/
2	汪明②	2018	智能知识、智能能力、智能情意和智能伦理	学生
3	于晓雅③	2019	智能知识文化素养、智能技术素养和终身发展素养	教师
4	Wong 等④	2020	人工智能概念、人工智能应用、人工智能伦理和安全	K-12 阶段学生

---

① Kandlhofer M，G Steinbauer，S Hirschmugl-Gaisch，et al. Artificial Intelligence and Computer Science in Education：From Kindergarten to University［C］//2016 IEEE Frontiers in Education Conference（FIE）. IEEE，2016：15-17.

② 汪明. 基于核心素养的学生智能素养构建及其培育[J]. 当代教育科学，2018（02）：83-85.

③ 于晓雅. 人工智能视域下教师信息素养内涵解析及提升策略研究[J]. 中国教育学刊，2019（08）：70-75.

④ Wong G K W，Ma X，Dillenbourg P，et al. Broadening Artificial Intelligence Education in K-12：Where to Start? ［J］. ACM Inroads，2020，11（1）：20-29.

续表

序号	提出者	年份	构成要素	特定人群
5	Ng 等①	2022	了解和理解人工智能、应用人工智能、评估和创造人工智能、人工智能伦理	小学
6	Kong 等②	2023	智能认知、智能情感、社会文化	大学生
7	郑勤华等③	2021	智能知识、智能能力、智能思维、智能应用、智能态度	/
8	Kim 等④	2021	人工智能知识、人工智能技能、人工智能态度	小学生
9	Cetindamar 等⑤	2022	与技术相关、工作相关、人机相关以及与学习相关的能力	员工
10	赵磊磊等⑥	2022	认识和理解人工智能、应用人工智能、评估人工智能应用和人工智能伦理	教师

---

① Ng D T K, Luo W, Chan H M Y, et al. Using Digital Story Writing as A Pedagogy to Develop AI Literacy among Primary Students[J]. Computers and Education：Artificial Intelligence, 2022, 3：100054.

② Kong S C, Cheung W M Y, Zhang G. Evaluating An Artificial Intelligence Literacy Programme for Develop University Students' Conceptual Understanding, Literacy, Empowerment and Ethical Awareness[J]. Educational Technology & Society, 2023, 26(1)：16-30.

③ 郑勤华，覃梦媛，李爽. 人机协同时代智能素养的理论模型研究[J]. 复旦教育论坛, 2021, 19(01)：52-59.

④ Kim, S., Jang, Y., Kim, W., et al. Why and what to teach：AI curriculum for elementary school. Proceedings of the AAAI Conference on Artificial Intelligence, 2021, 35(17)：15569-15576.

⑤ Cetindamar D, Kitto K, Wu M, et al. Explicating AI Literacy of Employees at Digital Workplaces[J]. IEEE Transactions on Engineering Management, 2022, 10(2)：11-13.

⑥ Zhao L, Wu X, Luo H. Develop AI Literacy for Primary and Middle School Teachers in China：Based on a Structural Equation Modeling Analysis[J]. Sustainability, 2022, 14(21)：14549.

续表

序号	提出者	年份	构成要素	特定人群
11	张银荣等①	2022	人工智能知识、人工智能能力、人工智能伦理	/
12	王奕俊等②	2022	人工智能知识、人工智能技能、人工智能意识、人工智能伦理和人工智能思维	/
13	赵福君等③	2023	人工智能态度、人工智能知识、人工智能能力和人工智能伦理	中学生
14	章恒远④	2023	人工智能意识、人工智能思维、人工智能应用与创新和人工智能伦理与社会责任	中小学生
15	聂云霞等⑤	2023	人工智能知识、人工智能能力、人工智能意识、人工智能伦理和人工智能思维	大学生
16	钟柏昌等⑥	2024	人工智能知识、人工智能情感、人工智能思维	/
17	胡伟⑦	2024	人工智能知识、人工智能技能、人工智能态度与伦理	教师

① 张银荣，杨刚，徐佳艳等. 人工智能素养模型构建及其实施路径[J]. 现代教育技术，2022，32(03)：42-50.

② 王奕俊，王英美，杨悠然. 高等院校人工智能素养教育的内容体系与发展理路[J]. 黑龙江高教研究，2022，40(02)：26-31.

③ 赵福君，代洋磊，许静静. 中学生人工智能素养评价指标构建[J]. 兵团教育学院学报，2023，33(06)：68-74.

④ 章恒远. 中小学生人工智能素养测评工具研究[D]. 华东师范大学，2023.

⑤ 聂云霞，范志伟. 数智时代人文社科学生 AI 素养及其培育路径——以南昌大学为例[J]. 档案学刊，2023(04)：82-94.

⑥ 钟柏昌，刘晓凡，杨明欢. 何谓人工智能素养：本质、构成与评价体系[J]. 华东师范大学学报(教育科学版)，2024，42(01)：71-84.

⑦ 胡伟. 人工智能何以赋能教师发展——教师人工智能素养的构成要素及生成路径[J]. 教师教育学报，2024，11(02)：39-47.

4. 面向高等教育的人工智能素养评价指标体系

4.1 评价指标体系设计过程

在构建面向高等教育的人工智能素养评价指标体系的过程中，本指南主要采用了德尔菲法和层次分析法（AHP）两种研究方法。评价指标体系的设计过程见图4。德尔菲法的应用始于对初步构建的指标体系进行专家咨询。研究设计了专家咨询问卷，并通过三轮迭代过程，邀请领域内的专家学者对指标体系的合理性、相关性以及完整性进行评估和反馈。每轮咨询

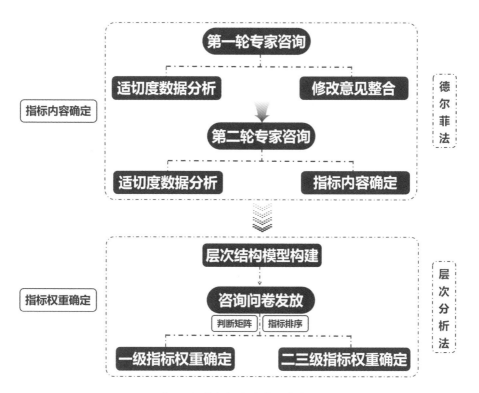

图 4 评价指标体系的设计过程

后，研究团队根据收集到的专家意见对指标体系进行修订，包括对指标的增补、删除或合并，保证评价指标的科学性和实用性。

为确定评价指标体系中各指标的权重，研究采用了层次分析法，主要是通过构建判断矩阵，对各一级指标进行了两两比较，以量化其在评价体系中的权重。该过程涉及对专家打分的几何平均处理以及一致性检验，确保了权重分配的客观性和合理性。层次分析法的应用不仅使得评价指标体系具有了明确的层次结构，而且通过赋予权重，反映了不同指标在评价过程中的重要性，增强了评价结果的解释力和说服力，保证了评价指标体系的科学性。综合来看，德尔菲法的多轮专家咨询为指标体系提供了深入的反馈和修正，而层次分析法则为指标体系的定量分析和权重分配提供了方法论支持，为评价指标体系的编制提供了较为可靠的依据。人工智能素养评价指标层次结构模型见图5。

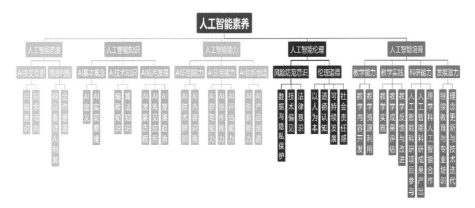

图 5　人工智能素养评价指标层次结构模型

4.2 评价指标体系设计内容

4.2.1 一级指标设计内容

由于人工智能技术的不断更新迭代，现有框架并不能完全适用于生成式人工智能时代，衡量用户对人工智能的了解和使用能力的方法仍有待开发。本指南构建的面向高等教育的人工智能素养评价指标主要以 KSAVE 模型为理论依据，并结合当前国内外文献对人工智能素养构成要素的对比分析之后，根据重要程度(出现的频次)以及 KSAVE 模型可以大致勾勒出以下人工智能素养评价一级指标。

4.2.1.1 人工智能态度

"人工智能态度"是人工智能素养的构成前提，是个体面对人工智能产品所采取的认知和行为方式。人工智能态度体现在用户对 AI 技术的接受程度和使用意愿上，包括对新技术的开放性、对 AI 带来的变化的适应性和对 AI 技术未来发展的期望。在智能时代，用户对人工智能的态度会对其行为表现产生主观的能动影响。只有在持有积极主动的探索意识和浓厚兴趣的基础上，才能驱动用户在人工智能素养能力领域深入学习和实践，促使其在实际应用中不断提升自己的综合素质，从而有效地积累并展现出用户在人工智能领域的知识、能力和伦理素养。

4.2.1.2 人工智能知识

"人工智能知识"构成了人工智能素养的基础。用户只有全面理解并扎实掌握相关的人工智能知识，才能利用其储备的知识深入地分析、准确地判断、科学地评估问题，并最终有效地解决问题。这一过程不仅体现了知识的积累，更彰显了知识的运用与转化，对于人工智能素养的理解具有重要意义。对于用户来说，人工智能知识不仅包括对人工智能技术原理的基本理解，更关键的是理解人工智能如何塑造他们的生活与职业发展，这包括对人工智能的应用及其发展前景、存在的局限性，以及可能产生的社会影响的基本的认识。

4.2.1.3 人工智能能力

人工智能识别、人工智能应用和人工智能创新等都属于人们在应用和创造人工智能过程中表现的能力，因此本指南将其概括归纳为"人工智能能力"。这一能力维度包含了两个方面的内容。一方面，指在各种实际场景中，个体能够运用人工智能知识、概念和技术解决具体问题的能力，这要求个体能够将理论知识与实际操作灵活结合，有效应对不同场景的挑战。另一方面，人工智能能力还涉及对人工智能技术的评估和创新能力，这要求学习者不仅能够理解并评价现有的人工智能技术，还能够在此基础上进行创新，推动人工智能技术的进一步发展。

4.2.1.4 人工智能伦理

尽管价值观和伦理维度并不完全相同，但在核心内涵上它们高度相似，在本质上都与个体的内在信念和行为准则密切相关。这些维度相互影响和强化，共同构成了用户对人工智能的心理和道德响应。人工智能伦理涉及使用人工智能技术时的道德责任和行为规范、对人工智能技术可能带来的不利影响的认知和应对策略，以及使用人工智能技术的社会责任感。

4.2.1.5　人工智能培育

2021 年教育部发布《教育部办公厅关于开展第二批人工智能助推教师队伍建设试点推荐遴选工作的通知》，文件中强调，未来教师能力建设工作的重点之一应是"提升教师智能教育素养"。在设计面向高等教育的人工智能素养评价指标体系时，除了人工智能的态度、知识、能力、伦理等基础素养之外，指标体系还添加了高校教师应该掌握的"人工智能培育"的重要素养能力。高校教师应在教学与科研工作中根据需求掌握并应用部分人工智能技术，以有效培养并指导学生适应技术进步带来的各方面变化，提升教育教学的综合效果，在高等教育领域培养不同学科的专业人才。

最终，本指南在借鉴现有人工智能框架的基础上进行对比分析后，将面向高校学生的人工智能素养评价指标体系归纳为人工智能态度、人工智能知识、人工智能能力、人工智能伦理四个维度（见图 6）。将面向高校教

图 6　高校学生人工智能素养一级指标维度

师的人工智能素养评价指标体系归纳为人工智能态度、人工智能知识、人工智能能力、人工智能伦理、人工智能培育五个维度(见图7)。

图7　高校教师人工智能素养一级指标维度

4.2.2　二三级指标设计内容

4.2.2.1　人工智能态度

用户的人工智能态度,除了对人工智能的基本感知外,还包括对人工智能技术及其应用进行理性判断,以及展现积极探索与体验的主观意愿。在"人工智能态度"这一维度下,具体可以划分为"AI 接受意愿"和"情感判断"两个二级指标。具体表现为:一方面,用户对人工智能保持好奇心与探索兴趣，能够敏锐地感知到人工智能在日常生活中的应用，并具备主动探索与体验的意识；另一方面，用户能够以辩证的视角看待人工智能对个人和社会产生的正面与负面影响，既看到其带来的便利与进步，也警惕其可能带来的挑战与风险。人工智能态度指标设计，见表10。

表10 人工智能态度指标设计

一级指标	二级指标	三级指标	内　　涵
人工智能态度	AI 接受意愿	兴趣意识	具有主动了解和学习 AI 技术的意愿①
		探索倾向	主动发现并积极应用生活中的人工智能产品
	情感判断	辩证看待 AI 利弊	个人能够客观地评估人工智能技术的正面和负面影响
		合作意愿	具备人机协同合作解决问题或者完成任务的开放性和积极性

4.2.2.2 人工智能知识

人工智能知识是形成与培养人工智能能力的基础，也是构成人工智能素养不可或缺的重要组成部分。② 人工智能知识主要包含三个核心方面：一是 AI 的基本概念，即对人工智能等相关概念有清楚的认识。具体指用户不仅应该了解 AI 的定义和技术基础，也能清楚理解人工智能的运作机理和

① 周澍云. 高中生人工智能素养评价指标体系构建研究［D］. 上海：华东师范大学，2023.

② 侯贺中，王永固. 人工智能时代中小学生智能素养框架构建及其培养机制探讨［J］. 数字教育，2020，6(6)：50-55.

实现过程。例如对机器学习、深度学习、自然语言处理等关键技术知识和概念的掌握。二是能够掌握 AI 的技术知识，包括 Python、R 等编程语言的基本语法，熟悉不同类型的机器学习算法等基础知识。三是了解 AI 应用发展情况，掌握 AI 的发展历程、目前在各领域的应用以及未来发展趋势。这三大方面共同构成了人工智能知识体系的主要内容，对于个体在人工智能领域的全面发展具有至关重要的作用。人工智能知识指标设计，见表 11。

表 11　人工智能知识指标设计

一级指标	二级指标	三级指标	内　　涵
人工智能知识	AI 基本概念	AI 定义	能够知道人工智能是用机器模拟、延伸和扩展人类感知智能的技术
		AI 实现原理	了解人工智能技术的核心运作机制，人工智能系统如何从数据中学习、推理、决策以及执行任务的整个过程
	AI 技术知识	编程知识	掌握至少一种编程语言的基本语法（如 Python、R、Java）和相关的 AI 库（如 TensorFlow、PyTorch、Scikit-learn）
		算法知识	表示学生能熟悉不同类型的机器学习算法（如决策树、支持向量机、神经网络）和深度学习模型（如卷积神经网络、循环神经网络）
	AI 应用发展	AI 发展历程	了解人工智能在不同时期的发展程度
		AI 常见应用	能够了解人工智能的主要应用领域和生活中的典型应用
		AI 发展趋势	能够了解人工智能未来发展的主要方向和趋势

4.2.2.3 人工智能能力

人工智能能力作为人工智能素养的核心组成部分，是评价用户人工智能素养水平的关键指标，涵盖了识别、应用、分析和创造人工智能等多个方面。人工智能能力指标设计，见表12。具体而言，主要包括以下三个层面：

表12 人工智能能力指标设计

一级指标	二级指标	三级指标	内　　涵
人工智能能力	AI识别能力	AI技术辨别	能够区分使用和不使用人工智能的技术或产品，能够辨别自己是否在与人工智能交流互动
		AI内容识别	能够辨别出AI生成内容（例如AI作画、AI写作内容）①
	AI应用能力	AI获取能力	能够根据需求获取AI学习资源和应用工具
		AI协作能力	同人工智能协作共同解决问题、完成任务的能力②
		AI评估能力	批判性地评价人工智能呈现的结果③
	AI创新创造	AI创新能力	能够基于AI提出新想法、新方法、新解决方案的能力
		AI产品创造	能够使用AI技术创作出属于自己的作品/产品

---

① 宁可欣. 人工智能技术在影视文学创作中的应用研究[J]. 中国传媒科技，2023(11)：105-108、112.

② 张银荣，杨刚，徐佳艳等. 人工智能素养模型构建及其实施路径[J]. 现代教育技术，2022，32(03)：42-50.

③ 王奕俊，王英美，杨悠然. 高等院校人工智能素养教育的内容体系与发展理路[J]. 黑龙江高教研究，2022，40(02)：26-31.

一是 AI 识别能力，即能够准确区分技术或产品是否运用了人工智能，并敏锐地察觉自己是否正在与人工智能进行交流和互动。

二是 AI 应用能力，即能够根据自身需求，有效地获取、使用和评估相关的 AI 产品和工具。用户应能够在学习、工作和生活等多元场景中，熟练运用各类人工智能工具解决复杂问题，与人工智能进行高效的交互协作，从而在适应社会发展的同时，推动个人的持续进步。

三是 AI 创新创造能力，即在实践的基础上，创造性地运用人工智能，甚至开发新的 AI 产品。这种能力是高水平人工智能素养的体现，也是推动人工智能领域发展的重要动力。

综上所述，人工智能能力作为人工智能素养的核心，不仅反映了用户对人工智能的掌握程度，也体现了他们在人工智能领域的实践和创新能力。

4.2.2.4 人工智能伦理

人工智能伦理作为人工智能素养的关键要素，深刻反映了个体在面对人工智能时的内在信念与行为准则。人工智能伦理要求人们在利用人工智能时，必须遵循法律、道德、安全且负责任的原则，深入理解并遵守与人工智能相关的法律法规与道德规范。[①] 综合以上论述，"人工智能伦理"维度，主要包含"风险防范意识"以及"伦理道德"两个核心方面。人工智能伦理指标设计，见表 13。

从风险防范角度来看，AI 技术的快速发展为创新和社会进步带来了巨大机遇，但也带来了个人信息隐私安全的挑战。用户需要意识到数据泄露和滥用风险，增加数据安全意识，采取适当的安全措施，减少数据泄露的风险。

---

① 王丹，李明江. 中小学生智能素养的内涵、价值定位与培育路径[J]. 黔南民族师范学院学报，2022，42(06)：69-74、82.

表 13 人工智能伦理指标设计

一级指标	二级指标	三级指标	内　　涵
人工智能伦理	风险防范意识	数据与隐私保护	了解人工智能使用过程中可能会存在侵犯隐私、数据泄露问题，具备信息安全、数据保护等风险防范意识[1]
		技术偏见	能认识到在设计、开发、使用人工智能过程中可能存在数据偏见、算法偏见、算法歧视等现象
		法律意识	能够遵循相关法律法规使用人工智能技术和应用
	伦理道德	以人为本	能够意识到 AI 的发展必须坚持以人为本、向善赋能的原则[2]
		道德认知	在开发、使用人工智能过程中坚持正确的道德观念和价值观
		可持续发展	能够意识到 AI 技术要安全可控、实现可持续发展
		社会责任感	对社会他人承担相应责任，发展负责任的人工智能

在伦理道德层面来看，用户应当掌握人工智能的安全和伦理规范，以便利用人工智能技术为人类带来福祉，并培养社会责任感和使命感，成为负责任的人工智能用户。在人工智能时代背景下，用户应当严格遵循法律法规，恪守人工智能社会的道德伦理准则，确保个人及他人权益不受侵犯，

---

[1]　张孝若，段莉华. 大数据时代下计算机网络安全防范的研究[J]. 网络安全技术与应用，2022(03)：179-180.

[2]　朱永新，杨帆. ChatGPT/生成式人工智能与教育创新：机遇、挑战以及未来[J]. 华东师范大学学报(教育科学版)，2023，41(07)：1-14.

同时深入理解人与智能机器之间的关系，以积极态度接纳人工智能，形成以人为本的价值理念，共同营造一个和谐、安全的人工智能应用环境。

4.2.2.5 人工智能培育

人工智能培育是高校教师人工智能素养的关键要素，其指标设计见表14，该一级指标覆盖了教学、科研、未来发展三个层面的四个二级指标。具体包含以下内容：

在教学能力方面，评价体系关注教师在人工智能领域的教学技能和方法。该维度包括课程内容的开发、教学方法与技术的融合以及教学资源的利用。高校教师需要能够设计和实施包含人工智能基础与前沿技术的课程，整合人工智能工具和平台来创新教学方法，还需要利用各种在线资源和工具来丰富教学内容和提高教学效果。

在教学实践方面，评价体系主要评估教师在实际教学过程中的表现和成效。该维度涉及教学计划的实施、教学成果的评估、以及教学反馈与改进。教师需要能够有效地执行融合了人工智能技术与知识的教学计划，采用多元化的评估方法评估学生的学习成效，并根据学生反馈和教学效果进行教学策略的优化。

在科研能力方面，高校教师需提升在人工智能领域的研究和创新能力。这包括参与或主持人工智能科研项目、科研成果的产出、以及跨学科的人工智能合作。教师需要拥有参与或领导人工智能领域的科研项目的能力，发表高质量的研究论文、专利，或参与制订相关技术标准，并与其他学科领域的专家合作开展跨学科研究。

在未来发展潜力方面，指标体系主要关注高校教师在人工智能领域的持续成长和发展潜力。该维度涵盖持续学习、教学理念与技术的更新、伦理教育三个因素。教师需要定期参与人工智能领域的继续教育和专业培训，不断更新教学理念和掌握最新的人工智能技术和教学工具。

表 14 人工智能培育指标设计

一级指标	二级指标	三级指标	内　涵
人工智能培育	教学能力	教学内容开发	能够设计与开发包含人工智能基础与前沿技术的课程内容，整合人工智能工具和平台，创新教学方法
		教学资源利用	利用在线开放课程、教育软件、生成式人工智能等资源，丰富教学内容和提高教学效果
	教学实践	教学实施	在教学实施过程中融入人工智能教学计划，包括课堂教学、实验实训等
		教学成果评估	能够采用多元化的评估方法，如项目评价、编程能力测试等，准确评估学生人工智能学习成效
		教学反馈与改进	能够收集学生反馈，分析教学效果，不断优化人工智能内容的教学策略
	科研能力	人工智能科研项目参与	参与或主持人工智能领域相关的科研项目，推动学术研究与技术创新
		人工智能科研成果产出	能够发表高质量的人工智能研究论文、专利或参与制订相关技术标准
		跨学科人工智能合作	能与不同学科领域合作，开展与人工智能相关的跨学科研究项目
	发展潜力	继续教育与专业培训	会定期参与人工智能领域的继续教育和专业培训，保持人工智能专业知识的前沿性
		理念更新与技术迭代	不断更新教学理念，掌握并应用最新的人工智能技术和教学工具

4.3 面向高校学生的人工智能素养评价指标体系

最终确定的高校学生人工智能素养评价指标体系的具体内容与各指标权重，见表15。

表15 高校学生人工智能素养评价指标体系

一级指标	二级指标	三级指标	内 涵
A 人工智能态度（20.67%）	A1 AI接受意愿（0.458）	A11 兴趣意识（0.583）	具有主动了解和学习AI技术的意愿
		A12 探索倾向（0.417）	主动发现并积极应用生活中的人工智能产品
	A2 情感判断（0.542）	A21 辩证看待AI利弊（0.667）	个人能够客观地评估人工智能技术的正面和负面影响
		A22 合作意愿（0.333）	具备人机协同合作解决问题或者完成任务的开放性和积极性
B 人工智能知识（13.42%）	B1 AI基本概念（0.438）	B11 AI定义（0.542）	能够知道人工智能是用机器模拟、延伸和扩展人类感知智能的技术
		B12 AI实现原理（0.458）	了解人工智能技术的核心运作机制，人工智能系统如何从数据中学习、推理、决策以及执行任务的整个过程

续表

一级指标	二级指标	三级指标	内　涵
B　人工智能知识（13.42%）	B2　AI技术知识(0.292)	B21　编程知识(0.417)	掌握至少一种编程语言的基本语法（如Python、R、Java）和相关的AI库（如TensorFlow、PyTorch、Scikit-learn）
		B22　算法知识(0.583)	表示学生能熟悉不同类型的机器学习算法（如决策树、支持向量机、神经网络）和深度学习模型（如卷积神经网络、循环神经网络）
	B3　AI应用发展(0.270)	B31　AI发展历程(0.208)	了解人工智能在不同时期的发展程度
		B32　AI常见应用(0.458)	能够了解人工智能的主要应用领域和生活中的典型应用
		B33　AI发展趋势(0.334)	能够了解人工智能未来发展的主要方向和趋势
C　人工智能能力（35.94%）	C1　AI识别能力(0.292)	C11　AI技术辨别(0.50)	能够区分使用和不使用人工智能的技术或产品，能够辨别自己是否在与人工智能交流互动
		C12　AI内容识别(0.50)	能够辨别出AI生成内容（例如AI作画、AI写作内容）
	C2　AI应用能力(0.416)	C21　AI获取能力(0.396)	能够根据需求获取AI学习资源和应用工具
		C22　AI协作能力(0.437)	同人工智能协作共同解决问题、完成任务的能力
		C23　AI评估能力(0.167)	批判性地评价人工智能呈现的结果
	C3　AI创新创造(0.292)	C31　AI创新能力(0.625)	能够基于AI提出新想法、新方法、新解决方案的能力
		C32　AI产品创造(0.375)	能够使用AI技术创作出属于自己的作品/产品

续表

一级指标	二级指标	三级指标	内　　涵
D　人工智能伦理（29.97%）	D1　风险防范意识(0.542)	D11　数据与隐私保护（0.458）	了解人工智能使用过程中可能会存在侵犯隐私、数据泄露问题，具备信息安全、数据保护等风险防范意识
		D12　技术偏见（0.167）	能认识到在设计、开发、使用人工智能过程中可能存在数据偏见、算法偏见、算法歧视等现象
		D13　法律意识（0.375）	能够遵循相关法律法规使用人工智能技术和应用
	D2　伦理道德（0.458）	D21　以人为本（0.163）	能够意识到 AI 的发展必须坚持以人为本、向善赋能的原则
		D22　道德认知（0.187）	在开发、使用人工智能过程中坚持正确的道德观念和价值观
		D23　可持续发展（0.375）	能够意识到 AI 技术要安全可控、实现可持续发展
		D24　社会责任感（0.275）	对社会他人承担相应责任，发展负责任的人工智能

4.4　面向高校教师的人工智能素养评价指标体系

最终确定的高校教师人工智能素养评价指标体系的具体内容与各指标权重，见表 16。

表 16　高校教师人工智能素养评价指标体系

一级指标	二级指标	三级指标	内　涵
A　人工智能态度（17.42%）	A1　AI 接受意愿（0.575）	A11　兴趣意识（0.500）	具有主动了解和学习 AI 技术的意愿
		A12　探索倾向（0.500）	主动发现并积极应用生活中的人工智能产品
	A2　情感判断（0.425）	A21　辩证看待 AI 利弊（0.475）	个人能够客观地评估人工智能技术的正面和负面影响
		A22　合作意愿（0.525）	具备人机协同合作解决问题或者完成任务的开放性和积极性
B　人工智能知识（22.15%）	B1　AI 基本概念（0.292）	B11　AI 定义（0.475）	能够知道人工智能是用机器模拟、延伸和扩展人类感知智能的技术
		B12　AI 实现原理（0.525）	了解人工智能技术的核心运作机制，人工智能系统如何从数据中学习、推理、决策以及执行任务的整个过程
	B2　AI 技术知识（0.396）	B21　编程知识（0.500）	掌握至少一种编程语言的基本语法（如 Python、R、Java）和相关的 AI 库（如 TensorFlow、PyTorch、Scikit-learn）
		B22　算法知识（0.500）	表示学生能熟悉不同类型的机器学习算法（如决策树、支持向量机、神经网络）和深度学习模型（如卷积神经网络、循环神经网络）

一级指标	二级指标	三级指标	内　　涵
B　人工智能知识（22.15%）	B3　AI 应用发展（0.312）	B31　AI 发展历程（0.188）	了解人工智能在不同时期的发展程度
		B32　AI 常见应用（0.458）	能够了解人工智能的主要应用领域和生活中的典型应用
		B33　AI 发展趋势（0.354）	能够了解人工智能未来发展的主要方向和趋势
C　人工智能能力（20.19%）	C1　AI 识别能力（0.333）	C11　AI 技术辨别（0.500）	能够区分使用和不使用人工智能的技术或产品，能够辨别自己是否在与人工智能交流互动
		C12　AI 内容识别（0.500）	能够辨别出 AI 生成内容（例如 AI 作画、AI 写作内容）
	C2　AI 应用能力（0.417）	C21　AI 获取能力（0.479）	能够根据需求获取 AI 学习资源和应用工具
		C22　AI 协作能力（0.250）	同人工智能协作共同解决问题、完成任务的能力
		C23　AI 评估能力（0.271）	批判性地评价人工智能呈现的结果
	C3　AI 创新创造（0.250）	C31　AI 创新能力（0.525）	能够基于 AI 提出新想法、新方法、新解决方案的能力
		C32　AI 产品创造（0.475）	能够使用 AI 技术创作出属于自己的作品/产品

续表

一级指标	二级指标	三级指标	内　　涵
D　人工智能伦理（15.73%）	D1　风险防范意识（0.500）	D11　数据与隐私保护（0.438）	了解人工智能使用过程中可能会存在侵犯隐私、数据泄露问题，具备信息安全、数据保护等风险防范意识
		D12　技术偏见（0.208）	能认识到在设计、开发、使用人工智能过程中可能存在数据偏见、算法偏见、算法歧视等现象
		D13　法律意识（0.354）	能够遵循相关法律法规使用人工智能技术和应用
	D2　伦理道德（0.500）	D21　以人为本（0.281）	能够意识到 AI 的发展必须坚持以人为本、向善赋能的原则
		D22　道德认知（0.281）	在开发、使用人工智能过程中坚持正确的道德观念和价值观
		D23　可持续发展（0.172）	能够意识到 AI 技术要安全可控、实现可持续发展
		D24　社会责任感（0.266）	对社会他人承担相应责任，发展负责任的人工智能
E　人工智能培育（24.51%）	E1　教学能力（0.266）	E11　教学内容开发（0.475）	能够设计与开发包含人工智能基础与前沿技术的课程内容，整合人工智能工具和平台，创新教学方法
		E12　教学资源利用（0.525）	利用在线开放课程、教育软件、生成式人工智能等资源，丰富教学内容和提高教学效果

续表

一级指标	二级指标	三级指标	内　涵
E　人工智能培育（24.51%）	E2　教学实践（0.266）	E21　教学实施（0.500）	在教学实施过程中融入人工智能教学计划，包括课堂教学、实验实训等
		E22　教学成果评估（0.167）	能够采用多元化的评估方法，如项目评价、编程能力测试等，准确评估学生人工智能学习成效
		E23　教学反馈与改进（0.333）	能够收集学生反馈，分析教学效果，不断优化人工智能内容的教学策略
	E3　科研能力（0.234）	E31　人工智能科研项目参与（0.292）	参与或主持人工智能领域相关的科研项目，推动学术研究与技术创新
		E32　人工智能科研成果产出（0.313）	能够发表高质量的人工智能研究论文、专利或参与制订相关技术标准
		E33　跨学科人工智能合作（0.395）	能与不同学科领域合作，开展与人工智能相关的跨学科研究项目
	E4　发展潜力（0.234）	E41　继续教育与专业培训（0.450）	会定期参与人工智能领域的继续教育和专业培训，保持人工智能专业知识的前沿性
		E42　理念更新与技术迭代（0.550）	不断更新教学理念，掌握并应用最新的人工智能技术和教学工具

4.5 评价指标体系实施思路

当前人工智能技术的应用已渗透各个领域，高等教育也涵盖其中，这对高校学生和教师提出了更高的人工智能素养要求。面对这一挑战，武汉大学正积极构建一个全面、科学、高效的人工智能素养评价体系，以全面评价并提升学生和教师在人工智能领域的知识储备和实践技能。

评价指标体系的实施思路主要涵盖五个核心要素：评价主体、评价对象、评价周期、评价方法以及评价结果的后续应用可能。希望能够通过多维度的策略布局，推动评价过程的公正性、透明度和实际效用的提升，使之成为推动人工智能素养培育能力进步和促进高校学生个人成长的有力工具。

通过实施这一评价指标体系，武汉大学期望能够较为精准地识别和强化学生与教师的人工智能素养能力，为后续人工智能素养培育的持续创新和质量提升提供坚实的数据支持和思路指导。

4.5.1 评价主体

面向高等教育的人工智能素养评价指标体系的构建与实施，是武汉大学响应时代发展需求、深化教育改革的重要举措。评价指标体系的实施以《武汉大学关于进一步推进数智教育的实施意见》等为核心指导文件，同时参考校内外数智教育领域的相关指导性文件，保证评价指标体系实施过程中的可行性与科学性。

武汉大学教学管理相关部门在评价实施的过程中承担评价主体的角色

职责，负责评价指标体系的具体开展和深入实施。相关部门将依据学校的教育方针和战略目标，积极进行跨部门协作，与校内的学院及相关机构合力推进人工智能素养评价指标体系的实施，推进评价工作的顺利进行。同时，武汉大学教学管理相关部门还将对评价结果进行深入分析，将评价结果应用在日常的教学培育工作中，为学校提供决策支持，提高教育质量，并建立有效的结果反馈机制，优化评价指标体系。

总结来说，校内教学管理部门在面向高校学生与高校教师人工智能素养评价指标体系的实施中承担着核心职责，在评价的实施过程中为武汉大学的数智教育发展作出积极贡献，推动评价指标体系成为促进教育进步和人才培养的重要工具。

4.5.2 评价对象

《面向高等教育的人工智能素养评价指标体系》是武汉大学推进数智教育的重要评价工具，该评价指标体系以武汉大学的全体学生与教职工为核心评价对象。

该指标体系所面向的评价对象具有一定的广泛性。指标体系以"高等教育"为核心关键词，不仅覆盖了从本科生到研究生各个学习阶段的学生群体，还包括高等教育领域的重要参与者——从事教学和科研工作的教职工。

对于高校学生群体而言，评价指标体系从人工智能的态度、知识、能力、伦理四个重点方面入手，综合评估其人工智能素养能力；在高校教师群体的人工智能素养能力评价方面，除了基础能力以外，评价指标体系则更加注重评估其在人工智能领域的教学能力、科研创新能力、学科发展趋势的把握能力以及对学生的指导和启发能力。评价的过程与结果旨在激励高校教师不断提升自身的专业水平，以更好地适应人工智能培育方式的快速发展。

通过实施人工智能素养评价指标体系，武汉大学期望能够激发全体学生与教职工对人工智能的学习和研究热情，促进他们在人工智能领域的深入探索和创新实践。同时，评价结果也将为学校后续的数智教育工作提供重要的参考和指导，推动武汉大学在人工智能素养培育领域的持续发展和领先地位。

4.5.3 评价周期

面向武汉大学学生与教职工的人工智能素养评价的评价周期采用"长周期"与"短周期"结合的双重评价机制，以实现对人工智能素养教育成果的持续监测和培育方式的及时调整。

长周期的评价模式以学生的学制为基准，覆盖从本科生到研究生的整个学习生涯。这种长周期性的评价不仅关注学生在入学时的人工智能素养水平，同时也重视他们在学习过程中的成长和变化，通过对比学生入学时和毕业时的素养评价结果，可以较为清晰地观察到学制内人工智能素养的培育过程对于学生能力提升的影响效果。

短周期的评价则主要以年为单位对全体学生和教职工的人工智能素养能力进行评价。这种年度的评价机制有助于及时捕捉和分析学生与教职工人工智能素养能力的发展趋势。通过短周期评价，武汉大学相关教育机构可以更灵活地调整人工智能素养培育的方式，响应教育需求和技术发展的前沿变化，以保证教育内容和方法的时效性和前瞻性。

综合来看，"长周期"与"短周期"相结合的评价周期模式，不仅能够为武汉大学的教育改革和发展提供宏观的指导，同时也有利于每年在微观层面进行培育模式与评价方式的调整。

4.5.4 评价方法

本指南面向高等教育的人工智能素养评价形成了一套综合性评价方法，该方法以人工智能素养评价指标体系为基石，以系统性测量量表为评价工具。本指南构建了涵盖高校学生、高校教师两种评价对象的复合型评价框架。以评价框架为指导，设计了一个系统性的人工智能素养能力评价工具，具体内容与权重设计如前文所述。该工具以衡量和提升高等教育参与者的人工智能素养水平为主要目标，为高等教育的人工智能素养评价实践提供了支持。

4.5.5 结果应用

在使用指标体系测量武汉大学全体学生与教职工人员的人工智能素养能力的工作完成之后，还需将评价结果在日常教学等工作中进行及时地反馈与应用，推进人工智能素养培育与数智教育的深入发展，为教育政策的制定、教学模式的改进以及课程体系的优化提供宝贵的数据支持和实践依据。

在教育政策制定方面，评价结果将成为决策者制定和调整教育政策的重要参考。通过对评价数据的深入分析，可以识别出教育体系中的优势和不足，从而制定出更加科学、合理的政策，以促进人工智能素养培育方案的整体改进。政策更新可能包括对人工智能教育资源的投入、对教师专业发展的支持、对学生人工智能能力的培养等内容。

在教学模式改进方面，评价结果可以指导教师和教育管理者探索更加有效的教学方法和手段。如根据学生在人工智能素养方面的具体表现，教师可以调整教学内容和方法，采用更加个性化和差异化的教学策略，以满足不同学生的学习需求。同时评价结果还可以帮助高校教师以及教育管理部门等发现教学过程中的问题和挑战，从而及时的调整问题和优化方案。

在课程体系优化方面，评价结果将为课程设置和课程内容的更新提供依据。通过对评价结果的分析，校内教育管理相关部门可以了解学生对人工智能知识的掌握情况和技能水平，进而对课程体系进行必要的调整。如增加或更新与人工智能相关的课程、加强跨学科课程的建设以及引入更多有关人工智能的实践和项目。

总体来看，在武汉大学实施人工智能素养评价指标体系并充分应用评价结果，将为武汉大学未来的教育改革和发展注入新的活力，有力促进数智教育内容与形式的迭代和更新。

5. 未来展望

5.1 人工智能素养评价体系的应用

新时代，我国高等教育改革正在稳步推进，人工智能素养培养正逐渐融入高等教育改革体系，未来人工智能素养评价体系将逐步运用于校内、校际和行业等三方面。

5.1.1 校内：以评价体系为基石的教育实践

科学、全面、动态的人工智能素养评价体系能够推动武汉大学信息素养教育实践的落地，有效促进武汉大学的课程体系重构、学生素质能力考核以及跨学科融合发展战略。

首先是以素养评价体系为支撑的课程体系重构。人工智能时代的技术变革要求教育教学课程亦必须与时俱进，以适应这一新兴技术带来的挑战与机遇。因此，需要以素养评价体系为根基，围绕智能时代对人才各种素养的要求重新架构课程，系统地构建人工智能相关课程。武汉大学先后发布了《武汉大学数智教育白皮书（数智人才培养篇）》《武汉大学数智教育支撑体系建设指南》等系列成果，坚持"五数一体"推动全校数智人才培养的融合贯通，在课程设置中将人工智能导引加入基础通识课程体系，面向全校学生提供 AI 相关的通识必修课程。在持续的课程体系改革中，学校将参考人工智能素养评价体系提出的能力维度，持续优化更新，形成符合学生人工智能学习需求、适应人工智能时代发展的创新课程体系。

其次是以素养评价体系为指导的学生素质能力考核。将人工智能素养纳入学生能力考核，可以激励学生将所学的人工智能理论知识与解决实际问题相结合、促进知识向技能转化，有助于全面提升高校学生的人工智能素养水平，为其未来的职业发展和终身学习奠定坚实基础。同时，引导学生关注人工智能技术的伦理和社会影响，培养他们的伦理意识和社会责任感。

最后是以素养评价体系为参考的跨学科融合发展。人工智能技术为各类学科提供了创新动力，促进跨学科融合发展。然而，学科特性导致不同学科学生的人工智能素养需求有所差异。根据人工智能素养在学科差异上的分析，高校学生受专业背景影响在人工智能知识方面存在显著差异。例如，理工科学生由于专业课程内容的影响，在人工智能领域的知识水平通常优于文科学生，而人文社科专业的学生在人工智能态度和伦理方面表现出较为突出的能力。因此，迫切需要依托人工智能素养评价体系，提供多层次的人工智能课程，优化各学科的人才培养策略，针对性地提高各学科人才素养目标，满足他们的不同学习需求，从而促进多个领域的深度合作，强化学科间的交叉融合。

5.1.2 校际：以框架共识为核心的合作交流

当前，各大高校纷纷开展人工智能素养实践。尽管高校之间在实践方式、内容上有所差异，但其侧重的人工智能素养核心维度大同小异。高校之间围绕人工智能素养形成共同认可的评价体系，有利于促进交流合作，推动人工智能素养培育的校际合作。

首先，共同认可的框架体系能够推进国内高校之间的人才培养交流。校际合作已成为一个趋势，旨在让不同高校发挥各自特色，寻求优势互补，在人才培养、学科建设、科学研究、成果转化等方面开展实质性合作，共享包括课程、师资和研究设施等在内的教育资源，从而共同进步，加强人才培养。当前已经有不少学校开展联合学位项目或双学位项目，允许学生在不同高校学习并获得认证。然而由于各高校在教学理念、培养目标、课程体系等方面存在差异，导致在共同人才培养过程中难以形成统一、科学的评价标准。因此，迫切需要建立以人工智能素养评价体系为基础的人才培养共同认可框架。

其次，国内高校形成人工智能素养的共识体系能够促进与国际高校的合作交流，推动人工智能素养教育发展。一方面，在共识框架体系的构建过程中可以引进国外先进的教育理念和技术手段，提高我国人工智能素养教育的水平，促进人才培养的国际化和标准化，培养具有国际视野和竞争力的人工智能专业人才。另一方面，也能将我国的教育经验和成果推向世界，为全球人工智能素养教育的发展作出贡献。

2023 年，习近平总书记在"一带一路"国际合作高峰论坛中提出《全球人工智能治理倡议》，该倡议着眼于数字文明时代的人工智能治理全球合作。不同国家和地区在人工智能技术的研发和应用以及人才培养目标上可能存在差异，因此，达成共识的框架标准是推动技术交流和人才合作的基础，统一的框架标准能够促进各国间的技术共享和经验交流，推动人工智能技术的持续创新和发展，共同应对全球性挑战。

5.1.3 行业：以人才培养为目标的校企合作

深化人工智能技术教育应用需要政府、学校、企业和社会各界的共同努力，以人工智能素养评价体系为导向的高校素养教育改革将推动以人才培养为目标的校企合作。高校向企业输送具备人工智能素养的高素质人才，企业以技术应用助力高校学生人工智能素养提升，由此形成校企合作的良性互动。

一方面，为提升学生的实践运用能力和思维创新能力，高校与企业开展深度合作，共同进行科研攻关与融合育人工作。根据当前就业市场及企业发展所需的人才目标，积极与企业展开合作，进行联合科研攻关和融合育人，建立人工智能技术实验室、应用场景平台、实训基地等产教融合的创新平台，为学生提供实践和创新的环境。同时，结合人工智能素养评价体系，进一步完善高校学生的能力培养规划。

另一方面，企业为推动所在行业的人工智能技术创新，也应积极为高校学生提供实践场景和机会，帮助他们更深入地理解行业需求，锻炼综合能力。例如，阿里云举办了全球人工智能技术创新大赛，邀请高校拔尖人才共同突破赛题中的关键技术瓶颈，不仅为推进人工智能前瞻性研究作出贡献，也激发了高校学生人工智能创新创造活力，促进了其人工智能素养的提升。

未来，随着人工智能素养教育的拓展和评价体系的应用，预计会有更多高校与企业建立此类合作关系，以期在推动人工智能领域的研究和产业发展的同时，为优秀学子提供成长和创新发展的空间，促进学术与产业的深度融合。

5.2　人工智能素养评价发展展望

目前，我国高校学生人工智能素养评价研究与应用尚处于起步阶段，随着技术的发展和改革的深入，未来还将在教育改革、评价工具、差异化评价等三方面进一步发展。

5.2.1　推动高校教育改革，创新课程评价体系

当前高校正面临着教育改革，以人工智能素养培育为目标的新教育体系需要配套新的课程评价体系。

首先，要打造人工智能核心知识课程体系。在本科和研究生阶段，以评价体系为导向，增设人工智能相关的必修和选修课程，包括从基础知识到高级应用的全方位内容，确保学生掌握基础的理论知识和实践技能。重点建设一系列与数学、物理学、计算机、神经和认知科学、心理学等学科交叉融合的人工智能基础通识课程。通过向高校学生传授人工智能的基本概念、发展历程和应用领域等知识，帮助其建立人工智能整体认知。

其次，要以评价结果为指导更新课程内容。人工智能技术的发展对高校学生评价体系的构建提出了新的要求，课程的内容应当随着技术的发展不断更新。要充分利用人工智能素养评价，结合当前社会对学生能力的要求，与时俱进，加速课程内容的更新换代，以确保人才培养与社会需求匹配。

最后，融合人工智能技术，促进教育手段改革。如今，高校学生的培养越发注重实践能力与创新意识，针对学生在使用人工智能过程中遇到的

困难，高校应当提供相应的实践和运用机会，以提高他们对人工智能技术的认知和实际使用能力。同时还应当结合现有的人工智能技术，以素养和能力维度为导向创新教学过程，打破现有壁垒，促进教育手段改革，创造更广阔、生动的新课堂。

5.2.2　结合数智化方法，开发新型评价工具

全面精准的人工智能素养评价离不开智能技术的支持。传统的素养测评方式主要采用选择题、李克特量表等封闭性的问题，其操作简单、接受程度高，但同时也存在诸如耗费大量时间和人力、结果不够客观、缺乏动态性等缺点。同时，教育信息化2.0呼吁新型课堂教学评价应用于教育教学，即从传统的基于经验的评价转向基于经验与数据结合的教学评价，并且要求综合考虑教学行为、教学方法、教学策略等多种因素。

随着人工智能技术的不断发展，人工智能赋能教育成为必然趋势，越来越多的新技术和新设备被应用在教学场景当中，为智能环境、智慧教学和智慧评价的建设和发展提供支持。这些新技术提供了更多元的数据，为全面立体的素养评价提供了新路径。

因此，未来可结合当前的数智技术和设备，开发面向教学环境的人工智能素养评价工具，并将其融入教学环节中。例如依托眼动、脑电、红外线等智能传感设备，以及能够实现文本、语音、视频多模态数据处理的大数据等智能技术，对教学当中产生的各类数据进行全过程记录，以实现数据的智能化、动态化采集。此外，还可以利用自然语言处理技术、数据挖掘算法等技术对收集与学生素养相关的多模态数据进行诊断分析，从而更好地掌握学生在学习过程中的素养提升情况，同时促进高校人工智能素养的立体化精准评价。

5.2.3 面向全民化推广，开展差异化评价

随着人工智能技术和产品对社会生活的全方位渗透，社会各群体都将面临新技术带来的挑战。国家高度关注全民对新技术的适应能力，中央网信办等四部门印发《2024 年提升全民数字素养与技能工作要点》，提出要把提升全民数字素养与技能作为建设网络强国、数字中国的一项基础性、战略性、先导性工作。① 人工智能素养与数字素养同属社会技术发展不同阶段的素质能力需求，未来也将面向全民进行推广。

本指南探讨了人工智能素养对高校教育产生的重要影响并提出了面向高校师生的人工智能素养评价体系。在人工智能素养的全民化推广进程中，人工智能素养评价体系也将逐步进行群体拓展，并开展差异化评价。

首先，人工智能素养的培育与评价不仅局限于高校学生，围绕高校工作需求，高校教师、图书馆员、行政在职员工等均需要具备利用人工智能技术和产品开展工作的能力。在智能时代，教师需要具备与人工智能系统协同工作的能力，包括理解人工智能的工作原理、将人机协作融入教学场景；图书馆员作为知识信息提供者，应当侧重于如何运用人工智能技术提升用户体验和服务质量、积极探索新技术在图书馆服务中的新应用。因此，对他们的人工智能素养评价应紧密围绕各自的工作职责和专业需求展开。对不同地区、学校、群体的评价数据进行对比分析，政府和教育机构可以更加精准地了解教育资源的分布情况和利用效率，从而制定更加科学合理的教育政策，优化资源配置，促进教育公平与质量的双重提升。

其次，除高等教育外，中小学生、老年人等社会发展中的特殊群体也

---

① 中央网信办. 2024 年提升全民数字素养与技能工作要点 [EB/OL]. (2024-02-23)[2024-04-05]. https://www.gov.cn/lianbo/bumen/202402/content_6933541.htm.

是需要重点关注的对象。他们的年龄背景不同，对人工智能素养的需求也不同。对于中小学生，评价体系应注重培养他们对人工智能的基础认知、兴趣激发以及初步的智慧思维与解决问题的能力。对于老年群体，评价体系应注重实用性与人文关怀，旨在消除数字鸿沟，让人工智能技术成为他们提升生活质量的工具。

此外，政府、企业在职人员等社会发展的重要劳动群体也应具备人工智能素养，其素养评价体系与其他群体又存在差异。具体而言，在职人员的人工智能素养评价体系将侧重于特定领域专业技能的提升与应用创新，从而增强社会整体的创新能力与竞争力，推动经济社会的高质量发展。

总体而言，人工智能技术的快速发展也会带来一系列伦理、法律和社会问题。面向全民的人工智能素养培育，有助于增强公众对人工智能技术的认知和理解，形成更加理性、科学的态度和价值观；而差异化评价能够确保不同背景、能力和需求的群体都能得到合适的评估与指导，使更多人具备人工智能相关的能力和素质，有助于构建更加公平、包容的社会环境。因此，针对不同群体的人工智能素养差异化评价体系和评价工具亟待提出，以确保社会各界成员都能有效适应并积极参与人工智能驱动的未来社会发展，最终实现公众人工智能素养提升的远大目标。

结　　语

在数字化浪潮的洗礼下，人工智能如同一颗璀璨的星辰，照亮了高等教育的殿堂。武汉大学，这所百年学府，以其深邃的学术底蕴和前瞻的教育视野，不仅关注当前的教育需求，亦着眼于未来的发展，全面布局人工智能教育，制定了《武汉大学人工智能素养评价指南》（以下简称《指南》），绘制了一幅人工智能教育的宏伟画卷。这不仅是一份指导实践的手册，更是一份引领未来的宣言。

在国家战略的宏伟蓝图中，人工智能被赋予了推动社会进步和经济发展的重要使命。武汉大学响应时代呼唤，以数字化时代的评价体系为基石，重构课程体系，创新学生素质能力考核标准，推动跨学科融合与校企合作，引导着数智教育实践向纵深发展，这其中的每一步都彰显了武汉大学在人工智能教育领域的行动力和领导力。学校不仅注重学生技术能力的培养，更强调伦理道德的坚守与思维能力的提升，展现了学校在发展人工智能时的独特思考与价值担当。

同时，《指南》对教师和学生有着充分的实用性，反映了学校对师生未来发展的热切期待。《指南》的实用性体现在它为教师提供了一套全面的人工智能教学和评价工具。它不仅涵盖了人工智能的基本概念、技术原理和应用发展，还包括了对学生人工智能能力的评价指标，如 AI 识别能力、应用能力和创新创造能力。这些工具和指标为教师的教学设计和学生能力评价提供了科学依据，使教师能够更有效地指导学生，帮助他们构建坚实的人工智能知识体系，提升实践技能，培养创新思维。对于学生而言，《指南》如同一盏指路明灯，照亮了他们在人工智能领域的学习之路。它不仅提供了丰富的学习资源和实践机会，还鼓励学生积极参与人工智能项目，通过实际操作来深化理解、提升技能。除了引导学生追求技术进步之外，《指南》中的伦理道德教育，还提到不忘社会责任和伦理规范，培养学生成为具有全球视野和社会责任感的人工智能领域人才。

面向未来，学校将积极与国内外高校建立合作关系，共享教育资源，促进人才培养的国际化；学校将与企业界展开深入合作，通过校企合作项目，将理论与实践相结合，为学生提供丰富的实践机会，也为行业的技术创新注入新的活力；学校将继续推动人工智能素养评价体系的应用与发展，结合数智化方法，开发新型评价工具，更精准、全面地评价学生的人工智能素养。同时，学校也将开展差异化评价，以满足不同群体的需求，推动人工智能素养的全民化推广。这不仅是对教育公平的追求，也是对社会进步的贡献。

在智能时代的伟大征程中，学校将以《指南》为导向标，为师生提供全面、立体的学习平台，为师生的教学、科研、学习提供强有力的支持，使广大师生能够在智能时代的浪潮中乘风破浪。相信《指南》也将激励着每一位武大学子，每一位教育工作者，以及每一位对人工智能充满热情的探索者，共同开创人工智能教育的新篇章，为实现中华民族伟大复兴的中国梦贡献力量。